조선시대의 산학총서

구일집(천)

(九一集 天)

남양 홍정하(南陽 洪正夏) 지음

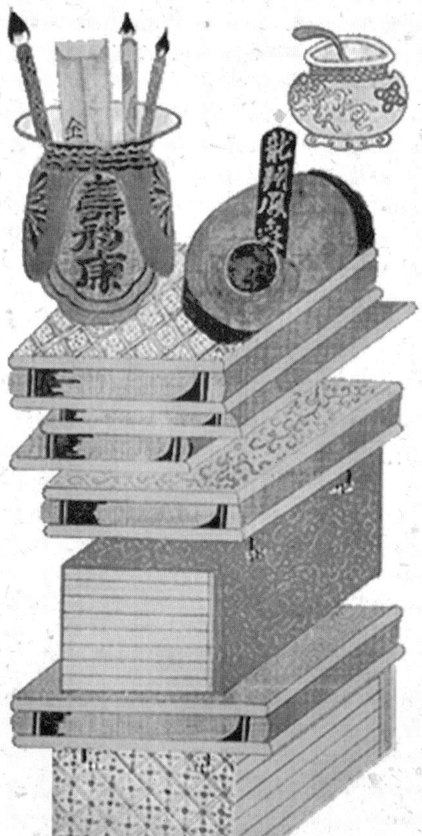

KYOWOO CO. Publishing 教友社

조선 시대의 산학서를 내면서

한국수학사학회에서는 한국학술진흥재단이 지원한 2002년도 기초학문육성지원사업(인문사회분야 국학고전연구)의 일환으로 연구 과제 《조선 시대의 산학서 번역》을 수행했다. 이의 목적은 다음과 같다.

(1) **한국 수학사 연구의 기초 마련** 우리의 전통 수학을 체계적으로 번역하고 현대적인 관점에서 해석한 결과물을 제시함으로써, 이에 대한 연구를 자극하는 촉진제와 연구의 기초를 마련한다.

(2) **고전에 대한 접근 용이성 및 자료 보급** 고전 문헌을 현대어로 번역함으로써, 많은 사람들에게 우리의 전통 수학을 접할 수 있는 기회를 제공한다.

이를 위해 다음과 같은 10종의 산학서를 선택하여 번역했다.

『默思集算法』	천・지・인 3권
『九數略』	건・곤 2권
『九一集』	천・지・인 3권
『算學入門』(『이수신편』21・22권) 2권	
『算學本源』(『이수신편』23권) 1권	
『算術管見』	1권
『借根方蒙求』	건・곤 1권
『翼算』	상・하편 2권
『測量圖解』	1권
『劉氏句股述要圖解』	1권

한국수학사학회 회장

역자 서문

<삼국사기(三國史記)>의 기사 중에서 신라 신문왕(神文王) 2년(서기 682년)에 국학(國學)에서 학생들에게 중국의 산서로 수학을 교육시켰다는 부분을 보건대, 중국의 산서는 이보다 훨씬 이전부터 우리나라에 유입되었을 것이라고 짐작된다.

고려 시대를 거쳐 조선 시대에 와서 세종은 고려 왕조의 멸망 원인 중 하나가 양전제도(量田制度)의 문란이었다는 것을 깊이 깨닫고 전제평정소(田制評定所)를 설치하여 농지제도의 확립을 꾀하였다. 여기에서 행정 기술상의 필요 때문에 필연적으로 수학 지식이 절실히 요망되었다. 따라서 수학 교육을 장려하였고, 세종 자신도 정인지로부터 <산학계몽(算學啓蒙)>에 관한 강의를 받았다는 기록이 있다.

그 후 성종 때 산학 제도는 더욱 정비되어 산학에 관한 관직으로서 산학교수(算學敎授: 종6품), 별제(別提: 종6품), 산사(算士: 종7품), 계사(計士: 종8품), 산학훈도(算學訓導: 정9품)를 두었다. <경국대전(經國大典)>에 보이는 산학의 고시 과목은 상명산, 양휘산, 계몽산이었다. 이것으로 보아 조선 시대의 주도적인 산학 교과서는 <상명산법(詳明算法)>, <양휘산법(楊輝算法)>, <산학계몽>이었음을 알 수 있다.

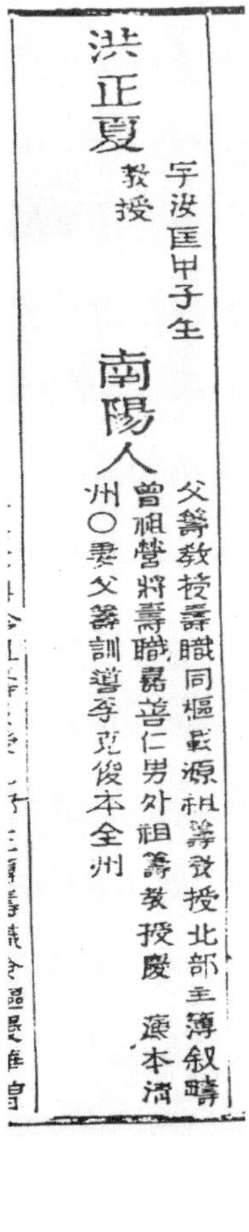
洪正夏 教授 字汝匡甲子生 南陽人
父籌教授壽識同樞最源祖籌教授北部主簿敍疇
曾祖營將壽職嘉善仁男外祖籌教授慶遮本淸
州○妻父籌訓導李克俊本全州

임진과 정유 두 번의 왜란으로 이전의 자료는 완전히 소실되고 실학기에 접어들면서 산학 연구가 시작되었다. 현재 남아있는 산학서는 이때부터 간행된 것이다. 처음으로 경선징(慶善徵: 1616~?)의 <묵사집산법(默思集算法)>을 시작으로 최석정(崔錫鼎: 1645~1715)의 <구수략(九數略)>으로 이어져 홍정하(洪正夏: 1684~?)의 <구일집(九一集)>이 뒤를 따랐다.

저자 홍정하는 조선왕조 숙종 10년(甲子, 1684)에 태어난 조선의 중인 출신 산학자이다. 자(字)는 여광(汝匡)이고, 본관은 남양(南陽)이다. 조선 시대의 전문 산학자인 산사(算士)는 중인 계급에 해당하고 시험을 치루어 선발되었다. <주학선생안(籌學先生案)>[1]에 따르면, 1706년(丙戌)에 입격하여 1718년(戊戌)에 훈도(訓道), 1720년(庚子)에 교수(敎授)의 직책을 맡았다. 홍정하는 산사의 합격자 명단인 <주학입격안(籌學入格案)>[2]에 그의 부, 조부, 외조부, 장인이 모두 산학자로 기록된 것으로 미루어보아, 당시의 전형적인 산학자 집안 출신임을 알 수 있다. 그의 가계를 표 1.과 같이 도식화할 수 있다.

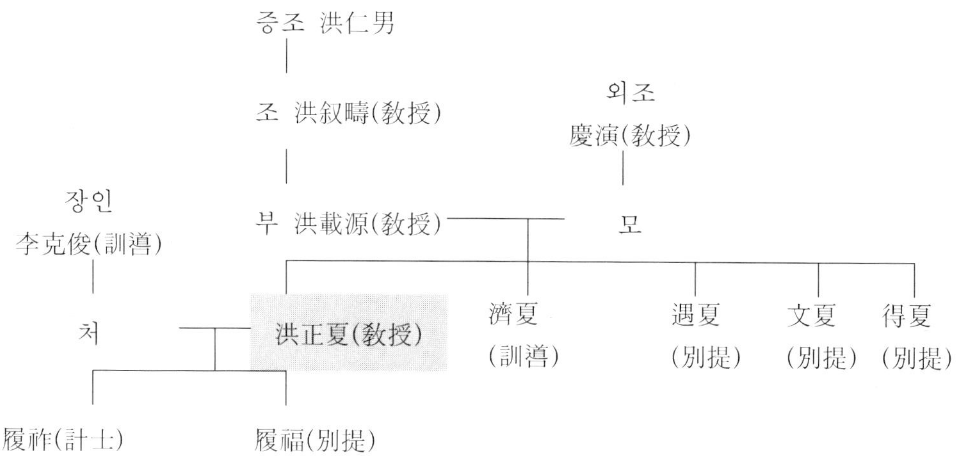

표 1. 홍정하의 가계도

<구일집>은 천·지·인 3책을 통틀어 총 9권으로 이루어진 산학서이다. 형식면에서는 동양의 많은 산학서의 구성 방식과 마찬가지로, 문제-답-풀이로 이루어져 있다. 즉 문제가 제시되고 그에 대한 답과 풀이를 제시하는 방식인데, 각각 그 틀이 정해져 있다. 구체적으로 말하면, 문제를 제시하는 틀은 '今有…(지금 …이 있어)'이고, 답을 제시하기 위해 '答曰(답왈)…', 풀이법을 제시하기 위해 '法曰(법왈)…'의 형식을 따른다.

1) 1488년부터 1814년까지의 산학자의 자와 본관, 출생·입격·직책 연도, 산학 관련 가계 등이 제시되어 있다. 편자와 발간연도에 대한 기록은 없다.

2) 1488년부터 1888년까지의 산학입격자에 관해 기록한 책이다.

한편, 내용면에서는 조선 시대 산서에 큰 영향을 미친 중국의 산서 <구장산술>, <산학계몽>, <양휘산법>, <상명산법> 등의 체제를 그대로 이어받아 같은 유형의 문제를 당시 우리나라 사회의 실정에 맞도록 약간씩 변형한 문제들을 다룬다.

천(天)은 제1, 2, 3권으로 되어 있는데, 승법, 제법, 토지 측량, 토목공사, 비례배분, 분수 계산 등이 포함되어 있다.

지(地)는 제4권에서 연립일차방정식, 구의 부피, 유한급수에 관한 문제를 다루고, 제5권에서 직각삼각형의 성질에 관한 문제를 다루면서 천원술(天元術)을 이용한 개방연산을 자유자재로 산대를 이용해서 풀고 있다. 제6권 개방각술문 상에서는 이차방정식과 삼차방정식의 해법인 개평방과 개입방, 그리고 그 이상의 개방술을 산대를 써서 설명하고 있다. 천원술을 이용한 개방식 표현 및 해법은 구일집 인(人)의 제7권 개방각술문 중, 제8권 개방각술문 하에서 더욱 눈부시게 전개되어 있으며 일사불란한 연산의 산대 표시는 감탄을 자아내게 한다.

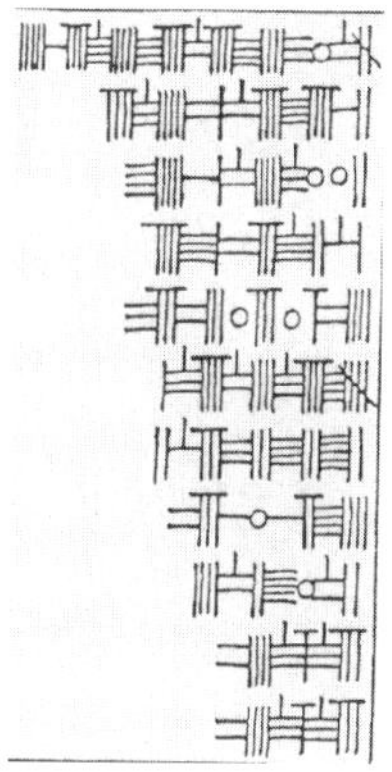

천원술은 산대를 써서 다항식 및 방정식을 나타내고 해를 구하는 방법으로, 이야(李冶)의 <측원해경(測圓海鏡)>에서 비롯된다. 이 방법을 주세걸 역시 <산학계몽>의 문제 해결에 이용하였으며 이것은 그대로 우리나라로 들어 왔다. 그러나 <구일집>에 나와 있는 설명은 너무 간략하여 그것만으로 이해하는 것은 무리이다. 그러나 홍정하 자신은 조직적으로 충분히 이해하고 있었던 것으로 보인다.

<구일집>에는 473개[3]의 문제가 있는데(표 2. 참조), 그 중 천원술로 표시하여 푼 문제는 166개이다. 이것은 다른 어떤 산서보다도 많은 수이다. 예컨대 <산학계몽>에도 27개뿐이다. 홍정하가 <구일집>을 저술한 목적이 천원술을 평이하고 간편하게 서술함으로써 그것이 탁월하고 유력한 문제해결 방법임을 강조하고자 한 것 같다. 또 산학의 전통있는 가정에서 성장하였기 때문에 일찍이 주위에서 산학에 대한 감각을 계발하고

3) 서술 형식의 차이로 인해 제9권 잡록의 문제를 제외한 수이다.

자극을 받으며 여러 가지 자료에 쉽게 접할 수 있어서 독창적인 구상을 하는 데 도움이 되었다고 생각한다. 또한 5형제들은 하나의 연구 집단을 형성하여 서로 도우면서 연구에 전념하였을 것이다. 일가의 5형제가 주학입격한 예는 달리 찾아볼 수 없는 드문 일이다. 여기에 역시 입격한 아버지, 아들, 조카들의 도움을 받아서 <구일집>이 서술되었고 이것은 홍정하 가문의 공동저작이라고도 생각된다.

제9권 잡록에는 당시의 천문, 역법, 음률에 관한 지식이 등장하며, 계사년에 저자와 유수석(劉壽錫)이 중국 사신을 따라 온 사력 하국주(司曆何國柱)를 역관으로 찾아가 대담한 내용이 적혀있다. 이 대담 중 홍정하와 유수석은 수학적 토론에서 도리어 우위에 있었으며, 당시 북경에 들어온 서양의 신수학에 대하여 질문하고 또 배우고자 책을 구하는 방법을 물었는데 사력이 말을 회피하며 태도를 바꾸자 실망하는 내용이 들어있다. 새로운 학문에 대하여 무언가 알고자 하는 강렬한 기대에 어긋나 울분을 토로하는 부분이다.

<구일집>은 현재 서울대학교 도서관에 소장되어 있다. 역자로서 한 가지 아쉬운 것은 저자의 몰년이 미상이어서 남양 홍씨 대종중(南陽 洪氏 大宗中)에 문의하였으나 현재까지 알 수 없다는 것이다.

□ 책의 일련 번호를 매기는 방법에 대하여

많은 저자들은 자신의 저서가 여러 책으로 되어 있어서 그것에 순서를 매길 때 보통 一, 二, 三, …을 쓰나, 저자의 취향이나 풍류에 따라 여러 가지 다른 방법을 사용할 수 있다. 가령 두 권이면 천(天)·지(地) 또는 건(乾)·곤(坤), 세 권이면 천(天)·지(地)·인(人), 네 권이면 원(元)·형(亨)·이(利)·정(貞) 등으로 하는 경우를 말한다. <구일집>은 천·지·인으로 되어 있다. 여러 가지 사물에 순서를 매길 때 숫자 대신 천자문(天字文)의 문자를 순서대로 천·지·현·황·우·주…(天地玄黃宇宙…)를 쓰는 경우도 있다. 천자문은 천 개의 문자가 서로 다르기 때문에 천 개의 서로 다른 사물에 순서를 매길 때 사용할 수 있다. 한문자는 수만 자이므로 한 가지 대상을 여러 가지 독특한 방법으로 나타낼 수 있다.

<table>
<tr><th></th><th>권</th><th>문</th><th>문항수</th><th>주요 내용</th></tr>
<tr><td>범례</td><td></td><td></td><td></td><td>3·7차분, 원 관련 내용, 고차식</td></tr>
<tr><td rowspan="11">천</td><td rowspan="5">1</td><td>종횡승제문</td><td>19</td><td>곱셈, 나눗셈, 수열</td></tr>
<tr><td>이승동제문</td><td>8</td><td>비례 문제, 비례식</td></tr>
<tr><td>전무형단문</td><td>29</td><td>평면도형의 넓이</td></tr>
<tr><td>절변호차문</td><td>16</td><td>비례 배분</td></tr>
<tr><td>상공수축문</td><td>8</td><td>입체도형의 부피</td></tr>
<tr><td rowspan="3">2</td><td>귀천차분문</td><td>22</td><td>연립방정식, 수열, 연비, 공배수</td></tr>
<tr><td>차등균배문</td><td>18</td><td>비례 배분, 수열</td></tr>
<tr><td>귀천반율문</td><td>3</td><td>특수한 비율에 의한 분배 문제</td></tr>
<tr><td rowspan="3">3</td><td>지분제동문</td><td>6</td><td>분수</td></tr>
<tr><td>물부지총문</td><td>13</td><td>연립합동식</td></tr>
<tr><td>영부족술문</td><td>13</td><td>일차방정식 해법의 산술적 알고리즘</td></tr>
<tr><td rowspan="7">지</td><td rowspan="4">4</td><td>방정정부문</td><td>14</td><td>연립방정식</td></tr>
<tr><td>구척해은문</td><td>9</td><td>구의 부피</td></tr>
<tr><td>부병퇴타문</td><td>19</td><td>수열의 합</td></tr>
<tr><td>창돈적속문</td><td>26</td><td>입체도형의 부피</td></tr>
<tr><td rowspan="2">5</td><td>구고호은문</td><td>78</td><td>직각삼각형 관련 문제</td></tr>
<tr><td>망해도술문</td><td>6</td><td>높이, 거리 측량(삼각형의 닮음의 활용)</td></tr>
<tr><td>6</td><td>개방각술문 상</td><td>58</td><td rowspan="3">천원술
개방술</td></tr>
<tr><td rowspan="3">인</td><td>7</td><td>개방각술문 중</td><td>66</td></tr>
<tr><td>8</td><td>개방각술문 하</td><td>42</td></tr>
<tr><td>9</td><td>잡록</td><td></td><td>천문학 및 음계 관련 문제, 중국 사신과의 대담</td></tr>
</table>

표 2. <구일집>의 체계

□ <구일집>의 교육적 활용 방안

동양의 수학 발달은 일상에서의 필요에 의한 실용적 측면과 관련하여 이루어져 왔다. 물론 중국 전국 시대의 묵가들이 저술한 <묵자>에는 유클리드의 <원론>에 버금가는 정의와 명제 중심의 이론적 전개도 찾아볼 수 있지만 수학적 이론의 발달 대부분이 실생활 문제 해결에서 비롯하여 확장된 연구의 결과인 한편, 계산에 있어서는 그 수준이 매우 뛰어나다.

중국 수학의 영향을 받은 조선의 산학서 역시 실용적 문제를 제시하고 그에 대한 답과 풀이를 구하기 위한 계산 규칙을 주 내용으로 한다. 이유, 정당화, 증명에 대한 언급이 없고 단지 알고리즘적 측면에 초점을 맞추어 어떻게 그러한 알고리즘을 생각해내었을까 싶을 정도로 정교한 계산 규칙에 의거하여 풀이 방법을 제시하고 있다. 문제와 답만이 적혀 있고 그 풀이법에 대해서는 일체의 언급도 하고 있지 않다는 이집트의 파피루스에 비하면 나은 상황이지만, 계산 절차와 관련된 수학보다는 개념과 이해의 측면을 지향하는 오늘날 수학교육의 경향에서 볼 때 동양의 산학서가 지닌 가치가 하향 평가될 우려가 있다.

그러나 오늘날의 풀이법과 상당한 차이가 발견되는 문제들을 교실 수업에서 활용할 때 교육적 가치는 배가될 것이다. '왜, 어떻게 그러한 풀이법을 생각하였을까?, 그러한 풀이법은 타당한 것인가?, 오늘날의 방법과 차이는 무엇일까?' 등과 같은 질문을 하면서 풀이법의 근거 및 이유를 찾아가는 활동, 여러 풀이법을 비교하고 더 나은 것을 선택하는 활동 등은 옛 자료에 근거하여 오늘날 학교 수학 수업에서 충분히 활용할 수 있는 기회를 제공할 것이다.

한편, 문제 중에는 주어진 답을 얻기에 조건이 불충분한 것, 즉 조건 불비의 문제가 꽤 많이 발견된다. 나아가 문제 상황 자체가 잘못 설정된 불합리한 경우도 있고 풀이법에 오류가 있는 경우도 있다. 답을 유일하게 결정하기 위해 첨가해야 할 조건에 대한 생각과 논의, 그리고 문제 상황을 수정하거나 올바른 풀이를 작성하는 것은 사고력과 의사소통의 활성화에 기여할 것이다. 뿐만 아니라, 오늘날의 용어와 차이가 있는 수학 용어들을 살펴봄으로써 그 용어의 개념을 더욱 명확히 하는 기회가 될 것이다.

다양하고 풍부한 문제를 담고 있기 때문에 초등학교, 중학교, 고등학교의 학교 수학은 말할 것도 없고 대학 수준에서 활용할 만한 내용도 있다. 합동식이나 부정방정식과 같은 내용에 관련된 문제들이다.

대략적으로 <구일집>의 내용 중에서 학교 수학과 관련 있는 내용과 활용 가능한 시기를 다음과 같이 정리할 수 있다.

- 초등학교: 곱셈과 나눗셈, 분수의 사칙계산, 약분, 대분수와 가분수, 평면도형의 넓이, 입체도형의 부피, 비와 비율, 비례식, 연비, 비례배분
- 중 학 교: 방정식의 활용, 연립방정식의 활용, 원주율, 원의 넓이, 입체도형의 부피, 피타고라스 정리의 활용, 닮은 삼각형의 활용
- 고등학교: 수열, 행렬, 제곱근 구하기, 고차방정식의 풀이
- 대 학 교: 연립합동식, 부정방정식, 제곱근 구하기, 고차방정식의 풀이

일러두기

이 책은 다음과 같은 사항에 따라 작성하였다.

1. 국역 원본은 다음 책에 수록된 <구일집>이다.
   한국과학기술사자료대계 수학편 2 (김용운 편, 여강출판사, 1985)
   현재 원본은 서울대학교 도서관에 소장되어 있다.

2. 번역은 원문에 충실하게 직역하는 것을 원칙으로 한다.

3. 번역문을 먼저 제시하고 이어 대응하는 원문의 한자어를 제시한다.

4. **이 활자체로 쓰여진 것이 원문 및 그에 해당하는 번역이다.**

5. 각 문(門)은 차례대로 [1], [2], [3]…을 첨부하고, 문제에는 【권의 번호, 문의 번호, 문제의 번호】순으로 문항 번호를 부여하였다. 예컨대 【1-3-23】은 제1권의 세 번째 문인 '전무형단문'의 23번째 문제를 의미한다.

6. 원문에서 저자는 작은 활자로 주해를 첨부하였으나, 번역서에서는 편의상 [ ] 안에 제시하기로 한다. (단 작은 활자체 중 문맥상 주해가 아닌 본문의 연속선상에 있을 때는 [ ] 없이 본문과 같이 쓴다.)

7. 역자의 주해는 본문 중의 '☞ 역자 주: ' 및 각주를 이용하여 제시한다. 전자는 내용과 관련하여 좀더 일반적인 설명을 위해, 후자는 원문의 구체적인 부분과 관련하여 부가적인 설명이나 잘못된 내용을 수정하기 위해 사용한다.

8. 책 이름은 < >로 표시한다.

9. 역자 주에서 인용한 참고문헌은 각주로 처리하여 제시한다.

구일집 목록
(九一集 目錄)

지(地)

제4권(卷之四)

제5권(卷之五)

제6권(卷之六)

인(人)

제7권(卷之七)

제8권(卷之八)

제9권(卷之九)

구일집 목록 끝(九一集 目錄 終)

구일집 범례(九一集 凡例)

1. 3·7차분(三七差分)

두 부분으로 나눌 때에는 3 : 7의 비로 한다. 세 부분으로 나눌 때는 9 : 21 : 49의 비로 한다. 모든 비율의 수를 합한 것을 법으로 하여 실을 나누면 비율 1에 대한 몫을 얻고, 이것을 각 비율에 곱하면 된다.
二位者 ㊂㊆ 三位者 ㊈ (二十一) (四十九) ○乃併各衰爲法除實得一衰 以乘各衰 合問

☞ 역자 주: 차분이란 어떤 수나 물건을 차등을 두어 몇 개의 부분으로 나누는 것을 의미한다. 차분의 방법은 예컨대 $m:n$으로 나눈다면 전체의 $\frac{1}{m+n}$을 구한 다음 각각 m과 n을 곱하여 $\frac{m}{m+n}$과 $\frac{n}{m+n}$을 얻는 것을 설명한다.

☞ 역자 주 : **실(實)**과 **법(法)**은 곱셈 또는 나눗셈에서 두 수를 의미한다. 특히 나눗셈(除)에서 제수를 법, 피제수를 실이라 한다. 이때, 법은 법규(law)와 동일한 의미이다. 만약 나눗셈이 토지 측량과 관련되어 출현한 것이라면, 제수는 자연스럽게 법규에 의해 확정된 단위 척도에 해당하는 것이고 피제수는 토지의 실제 크기를 의미하는 것으로 보아, 각각 법규(law)와 실제(real)의 의미가 반영된 용어로 볼 수 있다. 서기 3세기의 <손자산경(孫子算經)>에서는 피제수(實)가 나머지(餘)가 있는 경우, 제수(法)를 "분모"로, 나머지(餘)를 "분자"로 취한다고 하여 $6562 \div 9 = 729\frac{1}{9}$임을 설명하였다. 이후 법과 실이라는 용어는 점차 근의 계산이나 2차, 3차, 고차방정식 등의 다양한 연산에서 특별한 기술적인 의미를 획득하며 확장되어 사용되었다.[4)]

풀이 먼저 7을 법으로 한다. 두 부분으로 나눌 때에는 7을 한 번 곱한다. 〔이것을 가장 큰 비율로 한다.〕 세 부분으로 나눌 때에는 7을 두

---

4) Needham, J.(1959), *Science and Civilization in China*, Cambridge University Press, p. 65.

번 곱한다. 〔이것을 가장 큰 비율로 한다.〕 네 부분으로 나눌 때에는 7을 세 번 곱한다. 〔이것을 가장 큰 비율로 한다.〕 이와 같이 하여 아홉 부분으로 나눌 때에는 7을 여덟 번 곱한다. 〔이것을 가장 큰 비율로 한다.〕 다음에 가장 큰 비율을 차례로 3배하고 7로 나누면 각각의 비율을 얻는다.

法置一以七爲法 二位則一次乘之〔爲首位衰〕 三位則二次乘之 〔爲首位衰〕 四位則三次乘之〔爲首位衰〕 九位則八次乘之〔爲首位衰〕 於首位衰 次次三因七歸 得各衰

☞ 역자 주: 이것은 첫째 항이 1이고 공비가 $\frac{3}{7}$인 등비수열의 비율로 나누는 다음과 같은 상황을 나타낸다.

$$1 : \frac{3}{7} : \left(\frac{3}{7}\right)^2 : \left(\frac{3}{7}\right)^3 : \cdots : \left(\frac{3}{7}\right)^{n-1}$$

따라서 풀이의 방법은 가장 큰 비율(두 부분일 때 7, 세 부분일 때 7^2, … n부분일 때 7^{n-1})을 구한 다음, 차례로 $\frac{3}{7}$을 곱하여 다음 비율을 찾는 것이다.

두 부분: $7 : 3$
세 부분: $7^2 : 7\times 3 : 3^2$
네 부분: $7^3 : 7^2\times 3 : 7\times 3^2 : 3^3$
…
n 부분: $7^{n-1} : 7^{n-2}\times 3 : \cdots : 7^2\times 3^{n-3} : 7\times 3^{n-2} : 3^{n-1}$

한편 첫째 항이 1이고 공비가 $\frac{7}{3}$인 등비수열의 비율 $1 : \frac{7}{3} : \left(\frac{7}{3}\right)^2 : \left(\frac{7}{3}\right)^3 : \cdots : \left(\frac{7}{3}\right)^{n-1}$로 나누는 상황은 다음에 나오는 별해의 방법으로, 거꾸로 가장 작은 비율(3, 3^2, 3^3, … , 3^{n-1})을 구한 다음, 차례로 $\frac{7}{3}$을 곱하여 다음 비율을 찾는 것이다.

별해 먼저 3을 곱하는 수로 한다. 두 부분으로 나눌 때는 3을 한 번 곱한다. 〔이것을 가장 작은 비율로 한다.〕 세 부분으로 나눌 때는 3을 두 번 곱한다. 〔이것을 가장 작은 비율로 한다.〕 네 부분으로 나눌 때에는 3을 세 번 곱한다. 〔이것을 가장 작은 비율로 한다.〕 이와 같이 하여 아홉 부분으로 나눌 때는 3을 여덟 번 곱한다. 〔이것을 가장 작은 비율로 한다.〕 다음에 가장 작은 비율을 차차 3으로 나누고 7배하면 각각의 비율을 얻는다.
一法置一以三爲法 二位則一次乘之〔爲末位衰〕 三位則二次乘之〔爲末位衰〕 四位則三次乘之〔爲末位衰〕 九位則八次乘之〔爲末位衰〕 於末位衰 次次 三歸七因 亦得各衰

2. 다른 이름에 대한 설명(明異名訣)

중반은 $\frac{1}{2}$, 소반은 $\frac{1}{3}$, 태반은 $\frac{2}{3}$,

약반은 $\frac{1}{4}$, 강반은 $\frac{3}{4}$

中半 二分之一　少半 三分之一　太半 三分之二
弱半 四分之一　強半 四分之三

3. 원과 관련한 문제 풀이에 대한 설명(明釋圓法)

〔1〕 고법의 원에 관한 비율(古法圓率)
둘레는 3자이고, 지름은 1자이다.
周三尺 徑一尺

〔2〕 유휘의 새로운 방법(劉徽新術)
둘레는 157자이고, 지름은 50자이다.
周一百五十七尺 徑五十尺

〔3〕 조충지의 밀률(冲之密率)
둘레는 22자이고, 지름은 7자이다.

周二十二尺 徑七尺

〔4〕 지술원법(智術圓法)
둘레는 100자이고, 지름은 32자이다.
周一百尺 徑三十二尺

〔5〕 주비원술(周髀圓術)
둘레는 25자이고, 지름은 8자이다.
周二十五尺 徑八尺

〔6〕 지름을 알고 둘레를 구하는 방법(法以徑求周)
지름에 그 둘레의 법을 곱한 다음에 그 지름의 법으로 나누면 둘레를 얻는다.
置徑數以其周法乘之 以其徑法除之 得周數

〔7〕 둘레를 알고 지름을 구하는 방법(以周求徑)
둘레에 그 지름의 법을 곱한 다음에 그 둘레의 법으로 나누면 지름을 얻는다.
置周數以其徑法乘之 以其周法除之 得徑數

〔8〕 지름이 분수일 때 둘레를 구하는 방법(以分徑求周)
지름을 가분수로 고쳐서 분자에 그 둘레의 법을 곱한 다음, 지름의 법에 분모를 곱한 수로 나누면 둘레를 얻는다.
置徑通分納子 以其周法乘之 列徑法 以分母乘之爲法除之得周

〔9〕 둘레가 분수일 때 지름을 구하는 방법(以分周求徑)
둘레를 가분수로 고쳐서 분자에 그 지름의 법을 곱한 다음, 둘레의 법에 분모를 곱한 수로 나누면 지름을 얻는다.
置周通分納子 以其徑法乘之 列周法 以分母乘之爲法除之得徑

〔10〕 지름을 알고 원의 넓이를 구하는 방법(以徑求平積)
지름을 제곱하고 다시 여기에 그 둘레의 법을 곱한 수를 실로 하고, 그

지름의 법을 4배한 수를 법으로 하여 나누면 넓이를 얻는다.
置徑自乘 又以其周法乘之爲實 乃列其徑法四因爲法除之得積

〔11〕 둘레를 알고 원의 넓이를 구하는 방법(以周求平積)
둘레를 제곱한 다음 그 지름의 법을 곱한 수를 실로 하고, 그 둘레의 법을 4배한 수를 법으로 하여 나누면 넓이를 얻는다.
置周自乘 又以其徑法乘之爲實 乃列其周法四因爲法除之得積

〔12〕 둘레와 지름을 알고 원의 넓이를 구하는 방법(以周徑求平積)
둘레와 지름을 서로 곱하여 4로 나누면 원의 넓이를 얻는다.
周徑相乘四而一 得圓積

〔13〕 지름이 분수일 때 원의 넓이를 구하는 방법(以分徑求平積)
지름을 가분수로 고쳐서 분자를 제곱한 다음, 그 둘레의 법을 곱한 수를 실로 하고, 분모를 제곱하고 거기에 그 지름의 법을 곱한 수를 다시 4배한 수를 법으로 하여 나누면 넓이를 얻는다. 이때 나누어 떨어지지 않으면 나머지는 분수로 나타낸다. 또는 나누어 떨어지지 않는 부분을 그 둘레의 법과 지름의 법을 서로 곱한 수로 약분한다.
置徑通分納子自之 又其周法乘之爲實 列分母自之 以其徑法乘之 又四因數爲法除 得積 不滿法者命之[5]○或不滿者以其周法徑法相乘數 約之

〔14〕 둘레가 분수일 때 원의 넓이를 구하는 방법(以分周求平積)
둘레를 가분수로 고쳐서 분자를 제곱한 다음, 그 지름의 법을 곱한 수를 실로 하고, 분모를 제곱하고 여기에 그 둘레의 법을 곱한 다음 다시 4를 곱한 수를 법으로 하여 나누면 넓이를 얻는다. 나누어 떨어지지 않는 부분은 분수로 나타낸다. 또는 나누어 떨어지지 않는 부분은 그 둘레의 법과 지름의 법을 서로 곱한 수로 약분한다.
置周通分納子自之 又其徑法乘之爲實 列分母自之 以其周法乘之 又四因數爲法除得積 不滿法者命之○或不滿者 以其周法徑法相乘數 約之

---

5) '不滿法子'란 실을 법 a로 나누었을 때 나누어 떨어지지 않고 나머지 b가 있는 경우를 의미하며, 이것을 분수 $\frac{b}{a}(b<a)$로 나타내는 것을 '命之'라 한다.

〔15〕 지름을 알고 구의 부피를 구하는 방법(以徑求立積)
지름을 세제곱한 다음 그 둘레의 법을 제곱하여 곱한 것을 실로 하고, 그 지름의 법을 제곱한 것에 16을 곱한 수를 법으로 하여 나누면 구의 부피를 얻는다.
置徑再自乘 又以其周法自之數乘之爲實 以其徑法自之 又以十六乘之 得數爲法除之得立積

〔16〕 둘레를 알고 구의 부피를 구하는 방법(以周求立積)
둘레를 세제곱한 다음 그 지름의 법을 곱한 수를 실로 하고, 그 둘레의 법에 16을 곱한 수를 법으로 하여 나누면 구의 부피를 얻는다.
置周再自乘 又以其徑法乘之爲實 列其周法 以十六乘之 得數爲法除之 得立積

〔17〕 둘레와 지름을 알고 구의 부피를 구하는 방법(以周徑求立積)
둘레와 지름을 서로 곱하고 4로 나누면 원의 넓이를 얻는다. 다시 여기에 둘레를 곱하고 4로 나누면 구의 부피이다.
周徑相乘四而一得平積 又以周乘之 又四而一卽得立圓積

〔18〕 지름이 분수일 때 구의 부피를 구하는 방법(以分徑求立積)
지름을 가분수로 고쳐서 분자를 세제곱하고 다시 그 둘레의 법을 제곱하여 곱한 수를 실로 하고, 분모를 세제곱하여 그 지름의 법을 제곱한 수를 곱하고 다시 16을 곱한 수를 법으로 하여 나누면 구의 부피를 얻는다. 나누어 떨어지지 않는 부분은 분수로 나타낸다. 또는 나누어 떨어지지 않는 부분은 그 둘레의 법의 제곱과 지름의 법의 제곱을 서로 곱한 수로 약분한다.
置徑通分納子 再自之 又以周法自之數乘之爲實 列分母再自之 以其徑法自乘數乘之 又以十六乘之爲法除之 得積 不滿法者命之○或不滿者 以其周法自乘徑法自乘而相乘數約之

〔19〕 둘레가 분수일 때 구의 부피를 구하는 방법(以分周求立積)
둘레를 가분수로 고쳐서 분자를 세제곱하고 다시 그 지름의 법을 곱한

수를 실로 하고, 분모를 세제곱하여 다시 둘레의 법을 곱하고 또 16을 곱한 수를 법으로 하여 나누면 구의 부피를 얻는다. 나누어 떨어지지 않는 부분은 분수로 나타낸다. 또는 나누어 떨어지지 않는 부분은 둘레의 법과 지름의 법을 서로 곱한 수로 약분한다.

置周通分納子再自之 又以其徑法乘之爲實 列分母再自之 又以周法乘之 再以十六乘之 得數爲法除實得積 不滿法者以法命之○或不滿者 以其周法徑法相乘數約之

☞ 역자 주: 원주율 $\pi = \frac{(\text{둘레의 법})}{(\text{지름의 법})}$ [6]으로 사용한 여러 가지 근사값을 보여 준다.

[1] 고법 3　[2] 휘술 $\frac{157}{50}$　[3] 밀률 $\frac{22}{7}$

[4] 지술원법 $\frac{100}{32}$　[5] 주비원술 $\frac{25}{8}$

이를 이용하여 다음을 구할 수 있다.

[6] 지름을 알 때 둘레: $\frac{(\text{지름}) \times (\text{둘레의 법})}{(\text{지름의 법})} = 2r \times \pi = 2\pi r$

[7] 둘레를 알 때 지름: $\frac{(\text{둘레}) \times (\text{지름의 법})}{(\text{둘레의 법})} = 2\pi r \times \frac{1}{\pi} = 2r$

[10] 지름을 알 때 넓이: $\frac{(\text{지름})^2 \times (\text{둘레의 법})}{4 \times (\text{지름의 법})} = \frac{(2r)^2 \times \pi}{4} = \pi r^2$

[11] 둘레를 알 때 넓이: $\frac{(\text{둘레})^2 \times (\text{지름의 법})}{4 \times (\text{둘레의 법})} = \frac{(2\pi r)^2}{4\pi} = \pi r^2$

[12] 둘레와 지름을 알 때 넓이: $\frac{(\text{둘레}) \times (\text{지름})}{4} = \frac{2\pi r \times 2r}{4} = \pi r^2$

[15] 지름을 알 때 구의 부피:

$$\frac{(\text{지름})^3 \times (\text{둘레의 법})^2}{16 \times (\text{지름의 법})^2} = \frac{(2r)^3 \times \pi^2}{16} = \frac{\pi^2 r^3}{2}$$

[16] 둘레를 알 때 구의 부피: $\frac{(\text{둘레})^3 \times (\text{지름의 법})}{16 \times (\text{둘레의 법})} = \frac{(2\pi r)^3}{16\pi} = \frac{\pi^2 r^3}{2}$

[17] 둘레와 지름, 즉 원의 넓이를 알 때 구의 부피:

---

6) 둘레의 법과 지름의 법은 고법, 유휘, 조충지, 지술원법, 주비원술 등에 나타난 둘레와 지름의 수를 뜻한다. 중국 및 조선에서 사용한 원주율과 원의 넓이 구하는 방법은 제1권 전무형단문에서 설명하기로 한다.

$$\frac{\frac{(\text{둘레})\times(\text{지름})}{4}\times(\text{둘레})}{4}=\frac{(\text{원의 넓이})\times(\text{둘레})}{4}=\frac{\pi r^2\times 2\pi r}{4}=\frac{\pi^2 r^3}{2}$$

여기서 보듯이, 구의 부피를 구하는 공식은 오늘날의 $\frac{4}{3}\pi r^3$과 차이가 있음을 알 수 있다. 특히 <구장산술>[7]에 제시된 구의 부피 공식인 지름 d를 알 때, 구의 부피 $V=\frac{9}{16}d^3$는 식 $\frac{\pi^2 r^3}{2}$에서 $\pi=3$, $r=\frac{d}{2}$로 생각하면 된다.

한편 중국 산학의 구의 부피 연구에 있어 주목되는 조항지(조충지의 아들)의 방법 $\frac{d^3}{2}$은 원주율을 고법 3으로 생각한다면 바로 오늘날의 공식 $\frac{4}{3}\pi r^3$과 일치함을 알 수 있다.

4. 승방식에 대한 설명(明乘方式)

변이나 모서리의 길이를 갑층에 놓는다. 〔얼마라도 좋다.〕 〔평방이면 4층으로 하고 입방이면 5층으로 하고 나머지도 이와 같다.〕 산대 하나를 가장 아래층에 놓는다. 〔1배이면 산대 하나이고 2배이면 산대 둘이다. 나머지 경우도 이와 같다.〕 가장 위에 있는 갑층을 가장 아래층에 곱하고 이것을 계층에 넣는다. 다음에 계층에 곱하여 임층에 넣는다. 다음에 임층에 곱하여 신층에 넣는다. 이와 같이 하여 을층에 이르러서 그치면 실적을 얻는다. 다시 가장 위에 있는 갑층을 가장 아래층에 곱하여 앞에서 곱하고 더한 바와 같이 하여 병층에 이르러 그치면 병법〔즉 방법〕을 얻는다. 다시 갑층을 가장 아래층에 곱하여 앞에서 곱하고 더한 바와 같이 하여 정층에 이르러 그치면 정법〔즉 염법〕을 얻는다. 이와 같이 앞에서 한 법에 의하여 무법과 기법을 얻고 나머지도 이와 같이 하여 계층에

---

7) <구장산술>은 중국의 가장 오래된 산서로서 주공(기원 전 1050) 때 저술되었다고 하나 확실하지 않고 시황제(기원 전 213) 때 불태워졌다고 전하여진다. 이것을 한나라 때(서기 1세기경) 보완하여 현재 전해지는 책을 만들었다. <구장산술>이 주나라 초창기에 있었다면 유클리드(기원 전 300)의 <원론>보다 앞선다. 그 내용 및 형식은 이후 중국 수학의 표본이 되며 조선 산학에의 영향 또한 예외가 아니다.

이르러 그치면 각각 그 법을 얻는다. 그리고 각각의 법을 물리친다. [을층은 그대로 놓고 병법은 한 자리 물리치고, 정법은 두 자리 물리치고, 무법은 세 자리 물리치고 기법은 네 자리 물리치고 나머지도 이와 같이 한다.] 물리치고 난 다음 위에 있는 갑층을 제거한다. [정육면체의 모서리가 12자일 때의 그림[8)]

12 갑
0 을적
0 병
0 정
1 무

으로부터 승방한 그림

갑
1728 을적
432 병법
36 정법
1 무

을 얻는다.]

置方面[幾許] 於甲層[平方則設四層立方設五層餘倣此] 置一算[一段則一算二段則二算餘皆倣此] 於最下層◯以甲層首位乘最下層入癸層乘癸層入壬層乘壬層入辛層依此至乙層而止 得實積 又以甲層首位乘最下層依前乘之 加入上至丙層而止得丙法[卽方法] 又以甲層乘最下層依前加入止 丁層而止 得丁法[卽廉法] 又依前得戊法得己法餘倣此 至癸層而止 各得其法 乃退其各法[乙層不退 丙法退一位 丁法退二位 戊法退三位 己法退四位 餘皆倣此] 退畢而去其甲層首位◯[列立方面十二尺圖

12 甲
0 乙積
0 丙
0 丁
1 戊

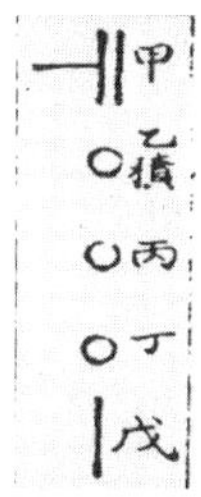

得乘方圖

甲
1728 乙積
432 丙法
36 丁法
1 戊]

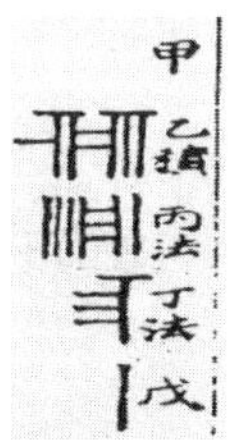

8) 정육면체, 즉 입방에 대한 것이므로 5층을 생각한다.

☞ 역자 주: 승방식에 대한 설명은 제6권 이하에서 평방, 입방, 삼승방, 사승방,…을 풀 때 이용된다. 위의 정육면체 예는 결국 이항식 $(x+12)^3$을 전개했을 때 각 항의 계수를 구하는 것이다. 갑층은 주어진 모서리, 을층은 상수항, 병층은 1차항, 정층은 2차항, 무층은 3차항의 계수가 된다. 다음과 같이 위의 설명을 그대로 좇아 해보면 마지막 산대 그림에서 계수를 발견한다.

(1) 모서리를 갑층에 놓는다.

12	갑
0	을
0	병
0	정
1	무

(2) 갑층 12를 무층에 곱한 12를 정층에 놓고, 이 정층에 12를 곱한 144를 병층에 놓고, 이 병층에 12를 곱한 1728이 을적이 된다.

12	갑
1728	을적
144	병
12	정
1	무

(3) 다시 갑층을 무에 곱하여 정층에 더하면 24가 되고, 이 정층에 12를 곱하여 병층에 더한 432가 병법이 된다.

12	갑
1728	을적
432	병법
24	정
1	무

(4) 다시 갑층을 무에 곱하여 정층에 더한 36이 정법이 된다. 그리고 갑층을 제거한다.

	갑
1728	을적
432	병법
36	정법
1	무

따라서 다음과 같이 계산된 것이다.

$$(x+12)^3 = x^3 + 3\times 12\times x^2 + 3\times 12^2\times x + 12^3$$
$$= x^3 + 36x^2 + 432x + 1728$$

[1] 개방구염률작법 본원도

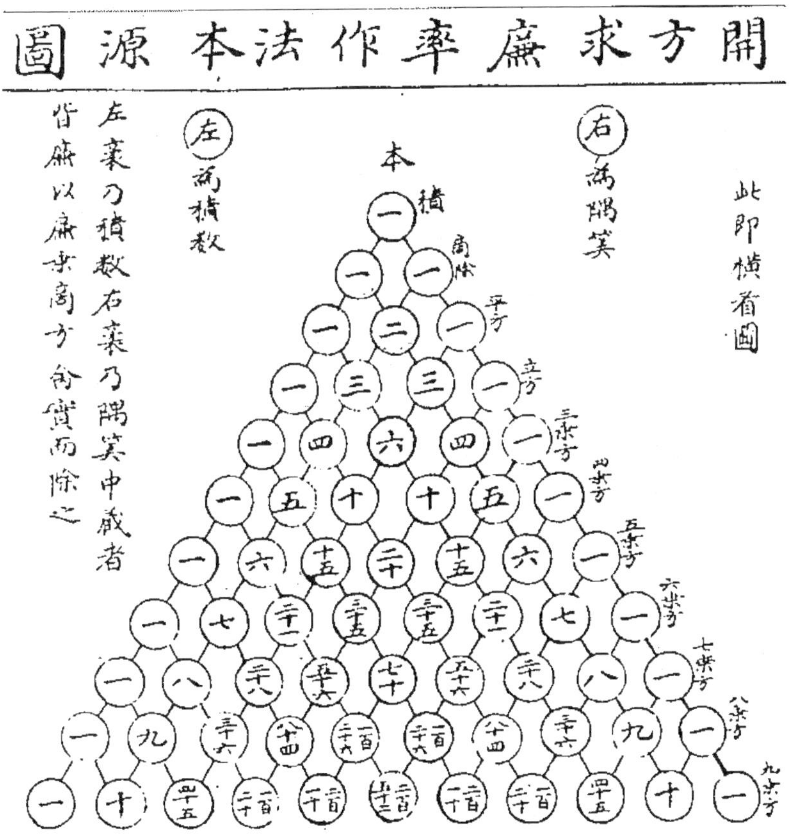

☞ 역자 주: 오늘날 파스칼의 삼각형(중국 수학에서는 11세기 가헌이 고안한 것으로 알려짐)에 해당하는 것으로서, 이항식 $(a+b)^n$의 계수에 해당하는 n승방의 요소들을 보여주고 있다.

[2] 개방구염률 정부지도

開方求廉率正負之圖

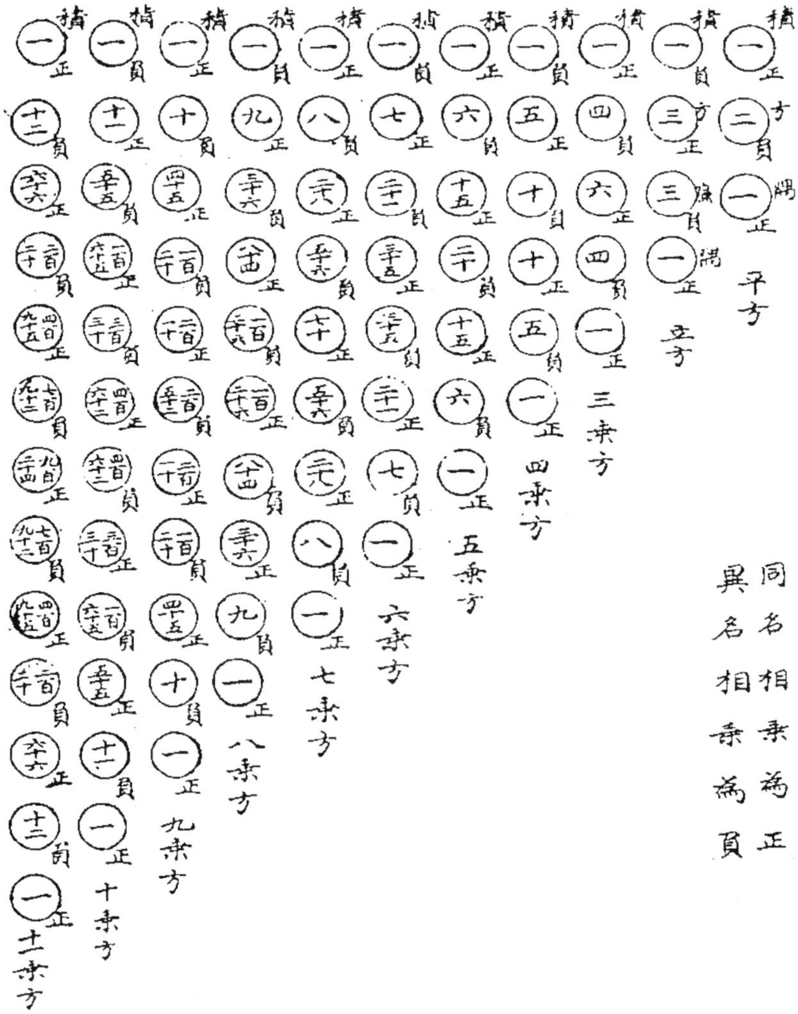

5. 개방대종식에 대한 설명(明開方帶從式)

〔1〕 평방(平方)
주어진 길이를 제곱하여 적으로 한다. 다시 길이를 2배하여 갑종으로 한다. 1을 을종으로 한다.
面自乘爲積 又面二因爲甲從 以一爲乙從

〔2〕 입방(立方)
주어진 길이를 세 번 곱하여 적으로 한다. 다시 길이를 제곱한 다음 3배하여 갑종으로 한다. 다시 길이를 3배하여 을종으로 한다. 1을 병종으로 한다.
面再自乘爲積 又面自乘三因爲甲從 又面三因爲乙從 以一爲丙從

〔3〕 삼승방(三乘方)
주어진 길이를 네 번 곱하여 적으로 한다. 다시 길이를 세 번 곱한 다음 4배하여 갑종으로 한다. 다시 길이를 제곱하여 6배한 것을 을종으로 한다. 다시 길이를 4배하여 병종으로 한다. 1을 정종으로 한다.
面三次自之爲積 又面再自之四因爲甲從 又面自之六因爲乙從 又面四因爲丙從 以一爲丁從

〔4〕 사승방(四乘方)
주어진 길이를 다섯 번 곱하여 적으로 한다. 다시 길이를 네 번 곱하여 5배한 것을 갑종으로 한다. 다시 길이를 세 번 곱하여 10배한 것을 을종으로 한다. 다시 길이를 제곱하여 10배한 것을 병종으로 한다. 다시 길이를 5배하여 정종으로 한다. 1을 무종으로 한다.
面四次自之爲積 又面三次自之五因爲甲從 又面再自之十因爲乙從 又面自之十因爲丙從 又面五因爲丁從 以一爲戊從

〔5〕 오승방(五乘方)
주어진 길이를 여섯 번 곱하여 적으로 한다. 다시 길이를 다섯 번 곱하여 6배한 것을 갑종으로 한다. 다시 길이를 네 번 곱하여 15배한 것을 을종으로 한다. 다시 길이를 세 번 곱하여 20배한 것을 병종으로 한다.

다시 길이를 제곱하여 15배한 것을 정종으로 한다. 다시 길이를 6배하여 무종으로 한다. 1을 기종으로 한다.
面五次自之爲積 又面四次自之六因爲甲從 又面三次自之又十五乘之爲乙從 又面再自之又二十乘之爲丙從 又面自之又十五乘之爲丁從 又面六因爲戊從 以一爲己從

〔6〕 육승방(六乘方)
주어진 길이를 일곱 번 곱하여 적으로 한다. 다시 길이를 여섯 번 곱하여 7배한 것을 갑종으로 한다. 다시 길이를 다섯 번 곱하여 21배한 것을 을종으로 한다. 다시 길이를 네 번 곱하여 35배한 것을 병종으로 한다. 다시 길이를 세 번 곱하여 35배한 것을 정종으로 한다. 다시 길이를 제곱하여 21배한 것을 무종으로 한다. 다시 길이를 7배하여 기종으로 한다. 1을 경종으로 한다.
面六次自之爲積 又面五次自之七因爲甲從 又面四次自之又二十一乘之爲乙從 又面三次自之 又三十五乘之爲丙從 又面再自之又三十五乘之爲丁從 又面自之又二十一乘之爲戊從 又面七因爲己從 以一爲庚從

〔7〕 칠승방(七乘方)
주어진 길이를 여덟 번 곱하여 적으로 한다. 다시 길이를 일곱 번 곱하여 8배한 것을 갑종으로 한다. 다시 길이를 여섯 번 곱하여 28배한 것을 을종으로 한다. 다시 길이를 다섯 번 곱하여 56배한 것을 병종으로 한다. 다시 길이를 네 번 곱하여 70배한 것을 정종으로 한다. 다시 길이를 세 번 곱하여 56배한 것을 무종으로 한다. 다시 길이를 제곱하여 28배한 것을 기종으로 한다. 다시 길이를 8배하여 경종으로 한다. 1을 신종으로 한다.
面七次自之爲積 又面六次自之八因爲甲從 又面五次自之又二十八乘之爲乙從 又面四次自之 又五十六乘之爲丙從 又面三次自之 又七十乘之爲丁從 又面再自之又五十六乘之爲戊從 又面自之又二十八乘之爲己從 又面八因爲庚從 以一爲辛從

〔8〕 팔승방(八乘方)
주어진 길이를 아홉 번 곱하여 적으로 한다. 다시 길이를 여덟 번 곱하

여 9배한 것을 갑종으로 한다. 다시 길이를 일곱 번 곱하여 36배한 것을 을종으로 한다. 다시 길이를 여섯 번 곱하여 84배한 것을 병종으로 한다. 다시 길이를 다섯 번 곱하여 126배한 것을 정종으로 한다. 다시 길이를 네 번 곱하여 128배한 것을 무종으로 한다. 다시 길이를 세 번 곱하여 84배한 것을 기종으로 한다. 다시 길이를 제곱하여 36배한 것을 경종으로 한다. 다시 길이를 9배하여 신종으로 한다. 1을 임종으로 한다.

面八次自之爲積 又面七次自之九因爲甲從 又面六次自之又三十六乘之爲乙從 又面五次自之 又八十四乘之爲丙從 又面四次自之 又一百二十六乘之爲丁從 又面三次自之又一百二十六乘之爲戊從 又面再自之又八十四乘之爲己從 又面自之又三十六乘之爲庚從 又面九因爲辛從 以一爲壬從

〔9〕 구승방(九乘方)

주어진 길이를 열 번 곱하여 적으로 한다. 다시 길이를 아홉 번 곱하여 10배한 것을 갑종으로 한다. 다시 길이를 여덟 번 곱하여 45배한 것을 을종으로 한다. 다시 길이를 일곱 번 곱하여 120배한 것을 병종으로 한다. 다시 길이를 여섯 번 곱하여 210배한 것을 정종으로 한다. 다시 길이를 다섯 번 곱하여 252배한 것을 무종으로 한다. 다시 길이를 네 번 곱하여 210배한 것을 기종으로 한다. 다시 길이를 세 번 곱하여 120배한 것을 경종으로 한다. 다시 길이를 제곱하여 45배한 것을 신종으로 한다. 다시 길이를 10배하여 임종으로 한다. 1을 계종으로 한다.

面九次自之爲積 又面八次自之十因爲甲從 又面七次自之 又四十五乘之爲乙從 又面六次自之 又一百二十乘之爲丙從 又面五次自之 又二百一十乘之爲丁從 又面四次自之 又二百五十二乘之爲戊從 又面三次自之 又二百一十乘之爲己從 又面再自之 又一百二十乘之爲庚從 又面自之 又四十五乘之爲辛從 又面十因爲壬從 以一爲癸從

〔10〕 십승방(十乘方)

주어진 길이를 열한 번 곱하여 적으로 한다. 다시 길이를 열 번 곱하여 11배한 것을 갑종으로 한다. 다시 길이를 아홉 번 곱하여 55배한 것을 을종으로 한다. 다시 길이를 여덟 번 곱하여 165배한 것을 병종으로 한다. 다시 길이를 일곱 번 곱하여 330배한 것을 정종으로 한다. 다시 길이를 여섯 번 곱하여 462배한 것을 무종으로 한다. 다시 길이를 다섯 번 곱하여 462배한 것을 기종으로 한다. 다시 길이를 네 번 곱하여 330배한 것을 경종으로 한다. 다시 길이를 세 번 곱하여 165배한 것을 신종으로 한다. 다시 길이를 제곱하여 55배한 것을 임종으로 한다. 다시 길이를 11배한 것을 계종으로 한다. 1을 부갑종으로 한다.

面十次自之爲積 又面九次自之 再以十一乘之 爲甲從 又面八次自之 再以五十五乘之 爲乙從 又面七次自之 再以一百六十五乘之 爲丙從 又面六次自之 再以三百三十乘之 爲丁從 又面五次自之 再以四百六十二乘之 爲戊從 又面四次自之 再以四百六十二乘之 爲己從 又面三次自之 再以三百三十乘之 爲庚從 又面再自之 又以一百六十五乘之 爲辛從 又面自之 又以五十五乘之 爲壬從 又面以十一乘之 爲癸從 以一副甲從

〔11〕 십일승방(十一乘方)

주어진 길이를 열두 번 곱하여 적으로 한다. 다시 길이를 열한 번 곱하여 12배한 것을 갑종으로 한다. 다시 길이를 열 번 곱하여 66배한 것을 을종으로 한다. 다시 길이를 아홉 번 곱하여 220배한 것을 병종으로 한다. 다시 길이를 여덟 번 곱하여 495배한 것을 정종으로 한다. 다시 길이를 일곱 번 곱하여 792배한 것을 무종으로 한다. 다시 길이를 여섯 번 곱하여 924배한 것을 기종으로 한다. 다시 길이를 다섯 번 곱하여 792배한 것을 경종으로 한다. 다시 길이를 네 번 곱하여 495배한 것을 신종으로 한다. 다시 길이를 세 번 곱하여 220배 한 것을 임종으로 한다. 다시 길이를 제곱하여 66배한 것을 계종으로 한다. 다시 길이를 12배하여 부갑종으로 한다. 1을 부을종으로 한다.

面十一次自之爲積 又面十次自之 再以十二乘之爲甲從 又面九次自之 再以六十六乘之爲乙從 又面八次自之 再以二百二十乘之爲丙從 又面七次自之 再以四百九十五乘之爲丁從 又面六次自之 再以七百九十二乘之爲戊從 又面五次自之 再以九百二十四乘之爲己從 又面四次自之 再以七百九十二乘之爲庚從 又面三次自之 再以四百九十五乘之爲辛從 又面再自之 又以二百二十乘之爲壬從 又面自之 又以六十六乘之爲癸從 又面以十二乘之爲副甲從 以一爲副乙從

☞ 역자 주: 개방대종식에 대한 설명은 오늘날의 이항계수에 대한 것으로서 앞

에 나온 개방구염률도를 통해 알 수 있는 것을 다시 한 번 설명한 것이다. 다만 천원술 표기에서 상수항, 일차항, 이차항, …에 해당하는 각 층의 명칭을 적, 갑종, 을종, 병종, 정종, 무종, 기종, 경종, 신종, 임종, 계종, 부갑종, 부을종, …과 같이 하여 n승방의 경우 $(n+1)$차원이므로 $(n+2)$개의 층을 앞에서부터 차례로 이용하고 있다. 예컨대 입방은 한 모서리가 a일 때, $(x+a)^3=x^3+3ax^2+3a^2x+a^3$에 해당하는 다음과 같은 천원술의 표기를 설명한 것이다.

a^3 적

$3a^2$ 갑종

$3a$ 을종

1 병종

한편 십일승방은 개방구염율도에 의한 다음 천원술 표기를 설명한다.

a^{12} 적

$12a^{11}$ 갑종

$66a^{10}$ 을종

$220a^9$ 병종

$495a^8$ 정종

$792a^7$ 무종

$924a^6$ 기종

$792a^5$ 경종

$495a^4$ 신종

$220a^3$ 임종

$66a^2$ 계종

$12a$ 부갑종

1 부을종

오늘날 표기에 의하면 다음 식으로 나타내어진다.

$$(x+a)^{12}=x^{12}+12ax^{11}+66a^2x^{10}+220a^3x^9+495a^4x^8+792a^5x^7+924a^6x^6$$
$$+792a^7x^5+495a^8x^4+220a^9x^3+66a^{10}x^2+12a^{11}x+a^{12}$$

제6, 7, 8권의 개방각술문에서 정사각형, 정육면체, 삼승방체(4차원 도형) 등의 넓이 또는 부피를 구할 때 개방대종식이 이용된다. 예를 들어 문제 8-1-41에서

팔승방체의 한 모서리 2	칠승방체의 한 모서리 4	육승방체의 한 모서리 6
1	1	1

을 각각 9번, 8번, 7번 곱하여 그 부피를 구하는 연산에서 팔승방, 칠승방, 육승방을 이용한다.

구일집 범례 끝(九一集 凡例 終)

구일집 제 1 권
(九一集 卷之一)

남양 홍정하 저(南陽 洪正夏 著)

1 종횡승제문 19문제(縱橫乘除門 十九問)

'종횡승제문'에서는 산대를 늘어놓고 계산하는 곱셈과 나눗셈에 관한 총 19개의 문제를 다룬다.

☞ 역자 주: **측정 단위 및 소수 표기**

종횡승제문에서는 여러 가지 곱셈과 나눗셈 문제를 다루고 있는데, 문제 상황으로 길이, 무게, 들이의 여러 단위 사이의 환산을 이용하고 있다. 이것을 포함하여 <구일집>에서 다루는 여러 가지 측정 단위 사이의 관계를 표로 나타내면 다음과 같다.

	단위	단위 사이의 관계
길이	필(疋), 자(尺), 치(寸)	1필=35자*) 1자=10치
	보(步)	1보=5자
들이	섬(石), 말(斗), 되(升), 홉(合), 작(勺)	1섬=10말=10^2되=10^3홉=10^4작
무게	석(石), 근(斤), 냥(兩)	1석=120근 1근=16냥
넓이	무(畝), 보(步)**)	1무=240보
화폐	관(貫), 문(文)	1관=1000문

*) <묵사집산법>(경선징, 1616~?)에서는 1필을 42자 또는 35자 또는 32자로 다루었다. 이를 통해 시대에 따라 또는 동시대에도 사용되는 단위의 기준이 달랐음을 알 수 있다.
**) 넓이의 단위로 실제 이용된 것은 '畝'[9]이다. 실제로 문제 1-3-1에서 제곱보로 구한 넓이를 무로 고쳐 놓은 것을 볼 수 있다. 또한 단위의 거듭제곱과 관련하여 1보, 1보의 제곱, 1보의 세제곱을 모두 1보라고 하였으므로, 보를 경우에 따라 제곱보, 세제곱보로 생각해야 한다.

한편 기본 단위 이하의 값을 나타내기 위해 분수를 즐겨 사용하였다. 그러나 소수에 해당하는 표기 역시 병용되었는데, 소수점 표기가 없던 시절, 소수를 표기하기 위해 푼(分), 리(厘), 호(毫), 사(絲), 홀(忽), 미(微), 섬(纖), 사(沙)를 써서 각각 기준 단위의 10^{-1}, 10^{-2}, 10^{-3}, 10^{-4}…를 나타내었던 것이다. 다시 말해 십진 체계를 따르는 들이의 단위(섬, 말, 되, 홉, 작)를 제외하고 길이, 무게, 넓이, 화폐에서 기준 단위 1을 각각 치(寸), 전(錢), 무(畝), 문(文)으로 삼아 그것의 $\frac{1}{10}$, $\frac{1}{100}$,…을 차례대로 푼, 리,…로 쓴 것이다.

<table>
<tr><th></th><th>×10</th><th>기준</th><th>×1/10</th><th>×1/100</th><th>×1/1000</th><th>…</th></tr>
<tr><td>길이</td><td>자</td><td>치</td><td rowspan="4">푼</td><td rowspan="4">리</td><td rowspan="4">호</td><td rowspan="4">…</td></tr>
<tr><td>무게</td><td>냥</td><td>전</td></tr>
<tr><td>넓이</td><td></td><td>무</td></tr>
<tr><td>화폐</td><td></td><td>문</td></tr>
</table>

따라서 기준 단위 이하에 오는 푼, 리, 호는 특정 양의 단위가 아니라 일반적인 소수 표기법에 해당한다고 보아야 할 것이다.[10] 예를 들어 3치 5푼 2리 4호는 3.524치에 해당한다. 한편 문제 1-1-12에서 '1냥에 대한 이자가 한 달에 2푼 5리'라고 하였는데, 무게는 '錢'을 기준으로 하므로 여기서 2푼 5리는 0.25전이고 따라서 0.025냥이다.

9) '畝'는 전답의 단위로 쓰일 때 '묘'라 읽히며 그 본음은 '무'이다. 따라서 묘 또는 무라 읽으면 무방하다. 본 역서에서는 무로 읽기로 한다.
10) 경선징의 <묵사집산법>에서는 1에서 시작하여 1=10푼, 1푼=10리, 1리=10호, 홀, 미, 섬, 사의 관계를 설명하여 소수 표기법을 명시적으로 나타내고 있다. 한편 황윤석(1729~1791)의 이수신편 21권 <산학입문>에 제시된 소수의 명수법에 따르면 10^{-128}자리까지 표현 가능하다.

【1-1-1】 지금 쌀이 575섬 9말[11] 있다. 한 말의 값이 은 5푼이면, 이 쌀의 값은 얼마인가?
今有米五百七十五石九斗 每斗價銀五分 問銀若干

답 287냥[12] 9전 5푼
答曰 二百八十七兩九錢五分

풀이 모든 쌀의 양을 실로 하고 쌀 한 말의 값 5푼을 법으로 하여 곱하면 된다.
法曰 置總米爲實 以每斗價五分爲法 乘之 合問

☞ 역자 주: 풀이에서 쌀의 양을 말로 나타내면 5759말이고, 한 말의 값 5푼을 곱하면 28795푼이 된다. 이것을 단위 냥과 전으로 환산하여(1냥=10전, 1전=10푼) 답 287냥 9전 5푼을 얻는다.

【1-1-2】 지금 쌀이 98765섬 있다. 쌀 한 섬마다 모미[13]를 1말 5되씩 더하면, 좋은 쌀과 모미는 모두 합하여 얼마인가?
今有米九萬八千七百六十五石 每石加耗一斗五升 問正耗合得若干

답 113579섬 7말 5되
答曰 一十一萬三千五百七十九石七斗五升

풀이 모든 쌀의 양을 실로 하고 본래 쌀 한 섬에 모미〔1말 5되〕를 더한 수를 법으로 하여 곱하면 된다.
法曰 置總米爲實 本米一石加耗〔一斗五升〕爲法乘 合問

☞ 역자 주: 1섬=10말, 1말=10되이므로, 위의 풀이 과정을 식으로 나타내면 다음과 같다.

---

11) 들이의 단위에서 1섬(石)은 10말(斗)이다.
12) 무게의 단위 '냥'은 3.75g으로, 1냥(兩)=10전(錢), 16냥(兩)=1근(斤)이다. 한편 냥은 엽전의 단위로도 쓰였다.
13) 모미(耗米)란 여분을 준비하여 양곡의 양이 축소되는 것에 대비하는 것이다(황윤석의 <산학입문>에 설명됨).

98765×(1+0.15)=98765×1.15=113579.75(섬)

【1-1-3】 지금 금으로 만든 사람 모형이 12개 있다. 각각의 무게가 1000석[14]이면 금은 모두 몇 냥인가?
今有金人十二 重各千石 問該兩若干

답 2304만 냥
答曰 二千三百零四萬兩

풀이 금으로 만든 사람 모형의 개수 12에 무게 1000석을 곱하면 12000석이고, 1석은 120근이므로 120을 곱하며, 다시 1근은 16냥이므로 16을 곱하면 된다.
法曰 置金人十二 以重千石乘 得一萬二千石 以一石重一百二十斤乘之 又以每斤十六兩乘之 合問

【1-1-4】 지금 알약을 복용하는 사람이 있는데, 첫째 날에 한 알을 먹고 하루가 지날 때마다 한 알씩 더 먹으면서 15일을 보내고, 이후에는 하루가 지날 때마다 한 알씩 덜 먹으면서 월말까지 가면 약은 모두 몇 알인가?
今有人食藥 初一日食一丸 日增一丸至十五日 而後日減一丸 至晦日而止 問共若干

답 240알
答曰 二百四十丸

풀이 15알과 다시 15알에 1알을 더한 16알을 서로 곱하면 된다.
法曰 置十五丸 又十五丸加一得十六丸 相乘 合問

☞ 역자 주: 이 문제에서는 한 달을 30일로 계산하였고, 각 날에 복용하는 알약

14) 무게의 단위에서 1석(石)은 120근(斤), 1근은 16냥(兩)이다.

의 개수를 다음과 같이 생각하고 있다.

날수	1일	2일	3일	…	14일	15일	16일	17일	18일	…	28일	29일	30일
알약의 개수	1	2	3	…	14	15	15	14	13	…	3	2	1

따라서 $(\sum_{1}^{15}k)\times 2=\frac{15\times 16}{2}\times 2=240$이다. 이때 $\sum k$는 퇴타술에서 '교초타'라 하여, 구하는 방법에 익숙했던 것으로 알려진다.

【1-1-5】 지금 첫째 날에 쌀이 한 되 있다. 날마다 한 배가 더 증가한다면[15], 30일 뒤에 쌀은 모두 얼마인가?
今有米一升 自初一日 日增一倍 倍至三十日 問共得若干

답 10737418섬 2말 4되
答曰 一千七十三萬七千四百十八石二斗四升

풀이 한 되가 매일 배로 늘어나면 5일 뒤에 32되가 되고 32를 제곱하면 1024되가 되는데, 이는 10일 뒤에 얻는 쌀의 양이다. 다시 1024를 제곱하면 1048576되인데, 이는 20일 뒤에 얻는 쌀의 양이다. 여기에 1024를 곱하면 물음에 합당하다.
法曰 置一升遞倍 至五日乃得三十二升 自乘得一千零二十四升〔此十日所得數〕因置此數自乘得一百零四萬八千五百七十六升〔此二十日所得〕因置此數以一千零二十四升乘之 合問

☞ 역자 주: 이 문제는 첫째 항이 2(하루 뒤의 양)이고 공비가 2(2배 증가)인 등비수열의 제30항을 묻는 것이다. 따라서 $2^{30}=2^{20}\times 2^{10}=(2^{10})^2\times(2^5)^2$으로 구한 것이다. 저자는 여기에 이용된 다음의 지수법칙에 상응하는 수학적 아이디어를 갖고 있었던 것으로 추측된다.

$$a^{m+n}=a^m\times a^n,\ (a^m)^n=a^{mn}$$

15) 쌀 1배가 더 증가한다는 말은 현재의 쌀의 양의 2배가 됨을 뜻한다.

【1-1-6】 지금 돈이 345냥 있다. 이를 3명에게 나누어주면 각자 얼마씩 받는가?
今有銀三百四十五兩 令三人分之 問各得若干

답 115냥
答曰 一百一十五兩

풀이 돈을 실로 하고 사람의 수 3을 법으로 하여 나누면 된다.
法曰 置銀爲實 以三人爲法而一 合問

【1-1-7】 지금 군의 병사가 1600명 있는데, 군량미 2400섬을 나누어 갖는다면 각 사람의 몫은 얼마인가?
今有軍兵一千六百名 分粮二千四百石 問每名若干

답 1섬 5말
答曰 一石五斗

풀이 군량미의 수를 실로 놓고 군 병사의 수를 법으로 하여 나누면 된다.
法曰 置粮爲實 以軍數爲法 除之 合問

【1-1-8】 지금 쌀과 모미를 합하여 모두 3022섬 5말 2되 7홉 2작[16] 있다. 다만 쌀 4섬 7말에 대하여 모미 2말 4되 2홉의 비율로 섞여있다고 한다. 쌀과 모미는 각각 얼마씩 있는가?
今有米正耗倂三千二十二石五斗二升七合二勺 只云每四石七斗帶耗二斗四升二合 問正耗各若干

답 쌀 2874섬 5말 2되, 모미 148섬 7홉 2작
答曰 正米二千八百七十四石五斗二升

16) 1되(升)는 10홉(合), 1홉은 10작(勺)이다.

耗米一百四十八石七合二勺

풀이 쌀과 모미를 모두 합한 양을 실로 하고, 4섬 7말과 모미를 합한 4섬 9말 4되 2홉을 법으로 하여 나누면 611섬 6말을 얻는다. 여기에 4섬 7말을 곱하여 쌀의 양을 얻고, 한편 2말 4되 2홉을 곱하여 모미의 양을 얻는다.
法曰 置正耗倂數爲實 另置四石七斗添入耗 共四石九斗四升二合爲法 除之得六百十一石六斗 以四石七斗乘得正米 以二斗四升二合乘得耗 合問

☞ 역자 주: 쌀의 양을 x섬, 모미의 양을 y섬이라 하면 문제의 조건에 의하여 다음이 성립한다.

$$\begin{cases} x+y=3022.5272 \cdots\cdots ① \\ x:y=4.7:0.242 \cdots\cdots ② \end{cases}$$

식 ②에 의하여 $x=4.7k$, $y=0.242k$라고 할 수 있으므로, 이를 식 ①에 대입하면 다음을 얻는다.

$$4.7k+0.242k=3022.5272, \quad 4.942k=3022.5272, \quad k=\frac{3022.5272}{4.942}=611.6$$

따라서 쌀은 $x=611.6\times4.7=2874.52$(섬)이고
모미는 $y=611.6\times0.242=148.0072$(섬)이다.

【1-1-9】 지금 물건의 무게를 재려고 하는데, 큰 저울이 없고 작은 저울만 있어서 잴 수 없다. 다만 1근 9냥의 원래 저울추에 1근 4냥의 다른 저울추를 더하여 저울질하니, 66근을 얻었다고 한다. 이 물건의 원래 무게는 얼마인가?
今有物 因無大秤17) 以小秤稱之不及 只云其原錘 重一斤九兩 今加別錘 重一斤四兩 稱得六十六斤 問實重若干

답 118근 12냥 8전
答曰 一百一十八斤一十二兩八錢

풀이 두 추를 사용하여 얻은 무게를 냥으로 고치고〔1056냥〕, 여기에

17) 칭(秤)은 막대저울을 뜻한다.

두 저울추의 무게의 합〔45냥〕을 곱하여 실로 하고 원래 저울추의 무게〔25냥〕를 법으로 하여 나누면 원래 무게를 얻는다. 답을 근, 냥, 전의 단위로 바꾼다.
法曰 置共稱重通兩得〔一千五十六兩〕 以兩錘合重數〔四十五兩〕 乘之爲實 以原錘〔二十五兩〕爲法除之 得實重作斤 合問

☞ 역자 주: 막대저울의 눈금이 나타내는 무게는 기준점으로부터의 거리에 정비례하므로 무게 66근(=1056냥)는 기준점으로부터의 거리로 간주할 수 있다. 그리고 측정하려는 물건의 무게는 막대저울이 평형을 이루었을 때, 저울추의 무게와 기준점으로부터 저울추까지의 거리의 곱에 의하여 결정된다. 따라서 구하는 물건의 무게를 x라 할 때, 다음의 식이 성립해야 한다.

$$x \times 25 = 1056 \times (25+20)$$

위의 풀이 과정은 이 일차방정식을 푸는 과정과 일치한다.

【1-1-10】 지금 물건을 저울질하니 8근 2냥이었는데, 저울추를 분실하여 다른 추를 사서 쓰려고 하여도 원래 저울추의 무게를 모르고 있다. 여기서 2근 5냥의 다른 저울추를 써서 원래 물건을 저울질하니 6근이다. 원래 저울추의 무게는 얼마인가?
今有原秤 稱物八斤二兩 因失本錘今欲買錘配秤不知輕重 乃將別錘重二斤五兩稱之 原物只得六斤 問原錘重若干

답 원래 저울추의 무게 1근 11냥 $3\frac{30}{130}$전
答曰 原錘重一斤十一兩三錢一百三十分錢之三十

풀이 나중에 다른 저울추로 측정한 무게를 냥으로 고치면 96냥이다. 여기에 다른 저울추의 무게 37냥을 곱한 값을 실로 하고 처음 저울추로 측정한 무게를 냥으로 고친 값 130냥을 법으로 하여 나누면 된다.
法曰 置後錘稱物通之 得九十六兩 以別錘三十七兩乘之爲實 以原物通之得一百三十兩爲法 除之不盡三命之 合問

☞ 역자 주: 막대저울의 눈금이 나타내는 무게는 기준점으로부터의 거리에 정

비례하므로, 문제 조건의 무게 8근 2냥(=130냥)과 6근(=96냥)은 기준점으로부터의 거리로 생각할 수 있다.

이제 구하려는 저울추의 무게를 x냥이라 하면, 저울의 평형은 거리와 저울추 무게의 곱에 의해 결정되므로 다음 식이 성립해야 한다.

$$130 \times x = 96 \times 37$$

위의 풀이 과정은 이 일차방정식을 푸는 과정과 일치한다.

【1-1-11】 지금 길이가 1필 11자이고 너비가 1자 8치인 비단을 빌린 사람이 있는데, 이제 이를 갚으려고 하지만 원래 종류의 비단이 없어서 너비가 2자 5치인 것으로 갚으려고 한다. 길이는 얼마인가? 〔한 필은 35자이다.〕

今有人 借綾一疋一十一尺濶一尺八寸 今將欲還而無本色 今還濶二尺五寸 問還長若干〔匹法三十五尺〕

답 33자 1치 2푼18)

答曰 三十三尺一寸二分

풀이 비단의 길이를 자로 나타내면 46자이고, 여기에 원래의 너비 1자 8치를 곱하여 얻은 수를 실로 하고 이제 갚으려는 비단의 너비 2자 5치를 법으로 하여 나누면 된다.

法曰 置綾通尺納子得四十六尺 以原濶一尺八寸乘之爲實 以今濶二尺五寸爲法 除之 合問

【1-1-12】 지금 돈을 55냥 빌린 사람이 있는데, 1냥에 대한 이자가 한 달에 2푼 5리이다. 언제 원금과 이자가 같아지는가?

今有人 貸銀五十五兩 每兩月利二分五厘 問本利幾何日而適等

답 40개월

答曰 四十箇月

---

18) 길이의 단위에서 1필(疋)은 35자(尺), 1자는 10치(寸)이다.

풀이 빌린 돈에 2푼 반을 곱하면 1냥 3전 7푼 반을 얻고, 이것으로 원래 빌린 돈 55냥을 나누면 된다.
法曰 置貸銀以二分半乘之得一兩三錢七分半爲法 乃列本銀爲實 以法除之合問

☞ 역자 주: 구하는 개월 수를 x라 하고 방정식을 세워 풀어보자. 2푼 반을 소수로 나타내면 이율은 0.025이므로 $55\times0.025\times x=55$이 성립한다.

【1-1-13】 지금 돈 90냥을 한 달에 이자 2냥으로 빌린 사람이 있는데, 3개월 12일이 지난 오늘 6969냥 6전을 원금과 이자로서 모두 갚았다. 원금과 이자는 각각 얼마인가?
今有人 貸銀每九十兩月利二兩 今共還銀六千九百六十九兩六錢 經三箇月十二日 問本利各若干

답 원금 6480냥, 이자 489냥 6전
答曰 本銀六千四百八十兩 利銀四百八十九兩六錢

풀이 3.4개월에 2냥을 곱하여 얻은 수에 90냥을 더한 96냥 8전을 법으로 하고, 모두 갚은 돈에 90냥을 곱한 수를 실로 하여 법으로 나누면 원금을 얻는다. 다음에 모두 갚은 돈에서 원금을 빼면 이자를 얻는다.
法曰 置三箇月四分以二兩乘之得數 加入九十兩共九十六兩八錢爲法 又置共還銀以九十兩乘之爲實 以法除之得本銀 以減總銀得利銀 合問

☞ 역자 주: 원금을 x라 할 때, 90냥의 3.4개월 원리합계는 $90+3.4\times2=96.8$(냥)이므로 다음 식이 성립한다.

$$90 : 96.8 = x : 6969.6$$

그러므로 $x=6969.6\times90\div96.8$이다.

【1-1-14】 돈 684냥을 갖고 관문(關門)을 나갈 때 9냥에 1냥의 비율로 세금을 낸다. 이때, 100냥을 이미 세금으로 내니 16관 440문[19])

을 거스름돈으로 받았다. 1냥은 몇 문인가?
今有銀六百八十四兩 出關稅之九而取一 己稅了一百兩却貼得錢十六貫四百四十文 問兩價錢若干

답 685문
答曰 六百八十五文

풀이 갖고 있는 돈을 9로 나누면 76냥이고, 이것을 100냥에서 빼면 24냥이 남는다. 이것을 법으로 하여 거스름돈을 나누면 된다.
法曰 置銀以九而一得七十六兩 以減於一百兩餘二十四兩爲法 置貼得錢爲實以法除之 合問

☞ 역자 주: 684냥에 대해 내어야 할 세금을 x라 하면 다음 식이 성립한다.

$$684 : x = 9 : 1$$

$$x = 76(\text{냥})$$

100냥을 낼 때 거스름돈 24냥이 16관 440문, 즉 16440문과 같으므로 다음을 얻는다.

$$1(\text{냥}) : x(\text{문}) = 24(\text{냥}) : 16440(\text{문})$$

$$x = \frac{16440}{24} = 685(\text{문})$$

【1-1-15】 어떤 사람이 갖고 있는 돈에서 먼저 $\frac{1}{10}$을 세금으로 내고, 다음에 나머지의 $\frac{1}{30}$을 다시 세금으로 낸다. 지금 이와 같이 하여 모두 650냥을 냈다면 원래 가진 돈은 얼마인가?
今有客持銀 先稅十分取一 次稅三十分取一 今共稅了六百五十兩 問元持銀若干

답 5000냥
答曰 五千兩

---

19) 돈의 단위에서 1관=1000문이다.

풀이 세금으로 낸 돈[650냥]을 1전 3푼으로 나누면 된다. [1전 3푼은 1냥에 대한 세금이다. 다시 말해 1냥에 대해 먼저 내는 세금은 $\frac{1}{10}$이므로 1전이다. 그 1냥에서 1전을 빼면 나머지가 9전이고 여기에 다음 번의 세금 $\frac{1}{30}$이면 3푼이다. 이와 같이 하여 두 세금을 합하면 1전 3푼이다.]
法曰 置稅銀[六百五十] 爲實 以一錢三分爲法除之 合問 [一錢三分者一兩之稅也 盖一兩先稅十分之一則一錢也 其一兩內減一錢則餘九錢 於內次稅三十分之一則三分也 兩稅合一錢三分]

☞ 역자 주: 1냥에 대한 세금 1전 3푼(0.13냥)을 구한 다음, 원래 가진 돈을 x라 하면 다음의 비례식이 성립하므로 타당한 풀이이다.

$x : 650 = 1 : 0.13$

한편 방정식을 세워 풀어 보자. 원래 가진 돈을 x라 하면, 처음 세금은 $\frac{1}{10}x$, 나중 세금은 $\frac{9}{10}x\times\frac{1}{30}$이므로 방정식 $\frac{1}{10}x+\frac{1}{30}\times\frac{9}{10}x=650$이 성립한다.

【1-1-16】 어떤 사람이 갖고 있는 돈에서 먼저 $\frac{1}{30}$을 세금으로 내고, 다음에 나머지의 $\frac{3}{50}$을 다시 세금으로 낸다. 지금 이와 같이 하여 모두 $456\frac{20}{30}$냥을 세금으로 냈다면 원래 가진 돈은 얼마인가?
今有客持銀 先稅三十分取一 次稅五十分取三 今共稅了四百五十六兩三十分兩之二十 問原銀若干

답 5000냥
答曰 五千兩

풀이 세금으로 낸 돈을 가분수로 고쳐서 분자[13700]를 실로 하고 2냥 7전 4푼을 법으로 하여 나누면 된다. [2냥 7전 4푼에 대해 생각해 보자. 가령 30냥이 있다면 여기에 대해 먼저 내는 세금은 $\frac{1}{30}$이므로 1

냥이다. 그 30냥에서 1냥을 빼고, 나머지 29냥에 대해 다음에 내는 세금은 $\frac{3}{50}$이므로 1냥 7전 4푼이다. 이 두 번에 낸 세금을 합하면 모두 2냥 7전 4푼이다. 이것이 30냥에 대하여 내는 모든 세금이다.]

法曰 置共稅銀通分納子得〔一萬三千七百〕爲實 以二兩七錢四分爲法 除之合問〔二兩七錢四分者 假令三十兩先稅三十分之一稅則一兩也 其三十兩內減先稅一兩則餘二十九兩以此餘二十九兩 又次稅五十分取三則一兩七錢四分也 先後合稅則共二兩七錢四分 此三十兩 兩稅之數也〕

☞ 역자 주: 이 문제는 바로 앞의 문제와 동일한 유형으로서, 비율 $\frac{1}{30}$에 맞추어 계산상의 편리함을 위하여 $\frac{20}{30}$을 약분하지 않고 그대로 사용한 것으로 볼 수 있다. 30냥을 가정한 것 역시 계산상의 편의를 위한 전략이다. 이제 30냥에 대한 세금 2.74냥을 이용하면 다음과 같이 비례식을 세워 풀 수 있다.

$$30 : 2.74 = x : 456\frac{20}{30}$$

$$x = 13700 \div 2.74 = 5000$$

이 식이 문제의 풀이법과 일치하는 과정으로, 저자는 분수나 소수를 포함하지 않고 계산을 간단하게 하려는 의도를 나타낸다. 물론 원래 가진 돈을 x라 하고 다음과 같은 방정식을 세워 풀 수도 있다.

$$\frac{1}{30}x + \frac{29}{30}x \times \frac{3}{50} = 456\frac{20}{30}$$

【1-1-17】 어떤 사람이 돈을 5000냥 갖고 있다. 여기에서 먼저 $\frac{1}{30}$을 세금으로 내고, 다시 나머지의 $\frac{3}{50}$을 세금으로 냈다. 이때 낸 세금과 남은 돈은 각각 얼마인가?

今有客持銀五千兩 先稅三十分取一 次稅五十分取三 問其稅銀及餘銀各若干

답 세금 $456\frac{20}{30}$냥, 남은 돈 $4543\frac{10}{30}$냥

答曰 稅銀四百五十六兩三十分兩之二十
餘銀四千五百四十三兩三十分兩之一十

풀이 5000냥에 2냥 7전 4푼을 곱한다. 〔13700냥을 얻는다.〕 30냥으로 나누면 세금으로 낸 돈이다. 이때, 나누어 떨어지지 않는 나머지는 분수로 나타낸다. 또 5000냥을 27냥 2전 6푼으로 곱한다.〔136300냥을 얻는다.〕 다시 30냥으로 나누고, 이때 나누어 떨어지지 않는 나머지를 분수로 나타내면 세금을 내고 남은 돈을 얻는다. 〔지금 2냥 7전 4푼으로 곱한다는 것은, 원래 가진 돈 30냥에 대한 두 번의 비율에 따라 낸 세금의 합계이기 때문이다.[20] 27냥 2전 6푼으로 곱한다는 것은 원래 가진 돈 30냥에 대하여 두 번의 비율에 따라 세금을 낸 후에 남은 돈이다.〕

法曰 置五千兩 以二兩七錢四分乘之〔得一萬三千七百兩〕 以三十爲法而一 不滿法者命之 得稅銀 又置五千兩 以二十七兩二錢六分乘之〔得一十三萬六千三百兩〕 却以三十爲法而一 不滿法者命之 得餘銀 〔盖以二兩七錢四分乘之者 乃元銀三十兩爲率先後合稅是也 以二十七兩二錢六分乘之者 乃元銀三十兩爲率先後合稅減後餘數也〕

☞ 역자 주: 문제 1-1-16에서 주어진 것과 구해야 할 것이 바뀐 문제이다.

세금은 30냥에 대해 2냥 7전 4푼

$$\Rightarrow 1\text{냥에 대해 } \frac{2\text{냥 }7\text{전 }4\text{푼}}{30}$$

$$\Rightarrow 5000\text{냥에 대해 } 5000\times\frac{2\text{냥 }7\text{전 }4\text{푼}}{30}$$

세금 후 남은 돈은 27냥 2전 6푼

$$\Rightarrow 1\text{냥에 대해 } \frac{27\text{냥 }2\text{전 }6\text{푼}}{30}$$

$$\Rightarrow 5000\text{냥에 대해 } 5000\times\frac{27\text{냥 }2\text{전 }6\text{푼}}{30}$$

이상이 풀이에 제시된 방법이며, 한편 다음과 같이 직접 구할 수도 있다.

$$1\text{차 세금: } 5000\times\frac{1}{30}=\frac{500}{3}$$

$$2\text{차 세금: } (5000-\frac{5000}{30})\times\frac{3}{50}=290$$

$$\text{총 세금: } 290+166\frac{2}{3}=456\frac{2}{3}$$

---

20) 문제 1-1-16의 저자 주를 참조하라.

【1-1-18】 어떤 사람이 가진 돈에서 먼저 $\frac{1}{30}$을 세금으로 낸 다음에, 그 나머지의 $\frac{3}{50}$을 다시 세금으로 냈다. 이때 남은 돈이 $4543\frac{10}{30}$냥이면 원래 가진 돈은 얼마인가?
今有客持銀 先稅三十分取一 次稅五十分取三 餘銀四千五百四十三兩三十分兩之一十 問元銀若干

답 5000냥
答曰 五千兩

풀이 남은 돈을 가분수로 고쳐 분자를 구하고[21] 여기에 50을 곱하여 실로 한다. 세금을 안 내는 비율〔29와 47〕을 곱하여 1363을 얻고 이것으로 앞의 수를 나눈다.
法曰 置餘 銀通分納子又以五十乘之爲實 以不稅者〔二十九 四十七〕 相乘得一千三百六十三爲法而一 合問

☞ 역자 주: 문제 1-1-16, 1-1-17, 1-1-18은 주어진 것과 구하는 것이 역할을 바꾸어 제시된 것들이다. 원래 가진 돈을 x라 하면 다음 식이 성립한다.

$$x-\frac{1}{30}x-\frac{29}{30}x\times\frac{3}{50}=4543\frac{10}{30}$$

$$\frac{29}{30}x(1-\frac{3}{50})=\frac{136300}{30}$$

$$\frac{29\times47}{50}x=136300$$

$$x=\frac{136300\times50}{29\times47}$$

이 식이 풀이에 해당하는 과정이다.

별해 남은 돈을 가분수로 고쳐 분자를 27냥 2전 6푼으로 나누면 된다.[22]

---

21) 136300이다.
22) 문제 1-1-17의 저자 주를 참조하라.

一法 置銀通分納子 以二十七兩二錢六分除亦得

【1-1-19】 한 모서리가 1치인 정육면체 금의 무게가 16냥이다. 한 모서리가 9푼인 정육면체 금의 무게는 얼마인가?
今有立方金一寸 重十六兩 只有金立方九分 問幾兩

답 11냥 6전 6푼 4리
答曰 一十一兩六錢六分四厘

풀이 9푼을 세제곱하면 729푼이다. 또 여기에 16냥을 곱하면 11664푼이다. 이것을 실로 한다. 또 1치는 10푼이므로 10푼을 세제곱하면 1000푼이다. 이것을 법으로 하여 앞의 수를 나누면 된다.
法曰 置九分再自乘 得七百二十九分 又以十六兩乘之 得一萬一千六百六十四分爲實 又列一寸金通分 得十分再自乘 得一千分爲法除之得重 合問

☞ 역자 주: 금 1치, 즉 1000푼의 무게가 16냥이므로 $9^3=729$(푼)의 무게를 x라 하면, 비례식 $1000:16=729:x$가 성립한다.
따라서 구하는 값은 다음과 같다.

$x=(729\times 16)\div 1000$(냥) = 11냥 6전 6푼 4리

☞ 역자 주: 이상의 문제들에서 기하 또는 대수적 사고를 필요로 하는 문제들에서 '비'와 관련한 생각이 자연스럽게 이용되었음을 확인할 수 있다.

☞ 역자 주: 조선 시대의 산학서에서는 거듭제곱을 다음과 같이 나타내고 있다.

a^2을 a의 자승(自乘)
a^3을 a의 재자승(再自乘)
a^4을 a의 삼승(三乘)

즉, $a^n(n\geq 4)$을 a의 $(n-1)$승이라고 한다.

[2] 이승동제문 8문제(異乘同除門 八問)

‘이승동제문’에서는 <구장산술>의 ‘속미’와 ‘쇠분’에서 다루는 유형의 문제들을 담고 있다. 속미의 문제를 풀기 위한 해법은 다음과 같은 ‘금유술(今有術)’을 말하며 서양의 삼수법(rule of three)에 해당하는 비례산을 뜻한다.

소유수와 소구율을 곱하여 실로 하고 소유율을 법으로 하여 실을 법으로 나눈다.(以所有數乘所求率爲實 以所有率爲法 實如法而一)

즉 ‘소유율 : 소유수＝소구율 : 소구수’이므로 $소구수 = \frac{소유수 \times 소구율}{소유율}$로 구하는 것이다. 오늘날의 표현으로 하면 $a : b = c : d$에서 $d = \frac{bc}{a}$이고, 여기서 b를 기준으로 할 때 c는 이명(다른 이름), a는 동명(같은 이름)이 되어 b와 c를 곱한 다음 a로 나누는 것을 ‘이승동제’라고도 한다.

한편 쇠분의 해법인 쇠분술(衰分術)은 다음과 같다.

각 비율을 더하여 법으로 하고, 분배하려는 것을 더하기 전의 각 비율과 곱해서 실로 하여 실을 법으로 나눈다. (各置列衰 副幷爲法 以所分乘未幷者各自爲實 實如法而一)

즉 차이를 반영하여 나누는 것, 곧 비례배분에 해당하는 문제에 관한 것이다.

【1-2-1】 지금 쌀 58섬 4말을 사는 데 필요한 돈은 43냥 8전이다. 쌀을 17섬 2말 사려면, 얼마의 돈이 필요한가?
今有米五十八石四斗 糴銀四十三兩八錢 只有米一十七石二斗 問該銀若干

답 12냥 9전
答曰 一十二兩九錢

풀이 사고자 하는 쌀에 43냥 8전을 곱하면 753냥 3전 6푼을 얻고, 이것을 원래 쌀의 양 58섬 4말로 나누면 된다.
法曰 置只有米 以四十三兩八錢乘之 得七百五十三兩三錢六分 却以原米五十八石四斗除之 合問

☞ 역자 주: 비례식 $58.4 : 43.8 = 17.2 : x$에서 $x = \frac{43.8 \times 17.2}{58.4}$이다. 즉 43.8을

기준으로 이명의 17.2를 곱하고 동명의 58.4로 나누는 것이다.

【1-2-2】 지금 비단이 322필 있다. 7필의 값은 5냥이라고 한다. 그러면 모두 얼마인가?
今有羅三百二十二匹 每七匹價銀五兩 問該銀若干

답 230냥
答曰 二百三十兩

풀이 모든 비단의 양에 5냥을 곱하고 이것을 실로 하고 7필로 나누면 된다.
法曰 置總羅 以五兩乘之爲實 以七匹除之 合問

☞ 역자 주: 비례식 7 : 5 = 322 : x에서 $x=\frac{5\times 322}{7}$이다. 5를 기준으로 이승동제한 것이다.

【1-2-3】 지금 갑과 을 두 사람이 공동 출자하여 사업을 한다. 갑은 96냥을 내고 을은 84냥을 냈다. 사업을 운영한 결과, 30냥을 잃었다. 각각 얼마씩 잃었는가?
今有甲出銀九十六兩 乙出銀八十四兩 共一百八十兩 營運折了三十兩 問各折若干

답 갑 16냥, 을 14냥
答曰 甲一十六兩 乙一十四兩

풀이 갑이 출자한 돈에 30냥을 곱하고〔2880냥〕 180냥으로 나누면 갑이 잃은 돈이다.〔16냥〕 또 을이 출자한 돈에 30냥을 곱하고 〔2520냥〕 180냥으로 나누면 을이 잃은 돈이다.〔14냥〕
法曰 置甲銀以三十兩乘之〔得二千八百八十兩〕 以一百八十兩除之 得甲折銀〔一十六兩〕 又列乙銀以三十兩乘之〔得二千五百二十兩〕 却以一百八十兩除之 得乙折銀〔一十四兩〕 合問

☞ 역자 주: 비례배분의 문제이다. 이익금을 갑은 $\frac{96}{96+84}$, 을은 $\frac{84}{96+84}$의 비율로 나누어야 하므로 갑의 몫은 $30\times\frac{96}{180}$, 을의 몫은 $30\times\frac{84}{180}$이다.

한편 갑의 몫을 x라 놓고 비례식 $96 : 84 = x : 30-x$을 세워 풀 수도 있다.

【1-2-4】 지금 갑과 을 두 사람이 공동으로 돈 180냥을 출자하여 사업을 한다. 연말이 되어 돈을 나누었을 때 갑은 112냥을 얻고 을은 98냥을 얻었다. 처음에 두 사람이 출자한 돈은 각각 얼마인가?
今有甲乙 共出銀一百八十兩 營運至年終而分之 甲得一百一十二兩 乙得九十八兩 問各人本銀若干

답 갑 96냥, 을 84냥
答曰 甲九十六兩 乙八十四兩

풀이 갑이 얻은 돈 112냥에 공동 출자한 돈 180냥을 곱하여 실로 한다. 갑과 을이 모두 얻은 돈〔210냥〕을 법으로 하여 나누면 갑이 출자한 돈을 얻는다. 공동 출자한 돈에서 이 돈을 빼면 을이 출자한 돈을 얻는다.
法曰 置甲得銀以共出銀〔一百八十〕乘之爲實 以甲乙得銀共〔二百一十〕爲法 除之 得甲銀 以減共出銀得乙 合問

☞ 역자 주: 쇠분의 환원에 해당하는 문제이다. 쇠분과 역으로 분배할 돈을 알고 출자금을 구하는 것이다. 따라서 갑이 출자한 돈을 x라 하면 $210\times\frac{x}{180}=112$ 이므로 $x=\frac{180\times112}{210}$로 구한다.

한편, 갑이 출자한 돈을 x라 하면, 을이 출자한 돈은 $180-x$이므로 다음과 같은 비례식이 성립한다.

$x : (180-x) = 112 : 98$

$98x = 180\times112-112x$

$x=\frac{180\times112}{210}$

【1-2-5】 지금 수레 한 량(輛)에 600근을 싣고 500리를 가면 3냥 7전 5푼을 준다. 180근을 더 싣고 800리를 가면 얼마를 주어야 하는가?
今有雇車一兩 載重六百斤 行道五百里 與銀三兩七錢五分 且添重一百八十斤 行八百里 問與銀若干

답 7냥 8전
答曰 七兩八錢

풀이 원래의 무게에 다시 첨가한 무게를 더한다. 〔모두 780근이다.〕 여기에 원래 줄 돈을 곱하고 다시 800리를 곱한다. 〔2340000냥을 얻는다.〕 이것을 실로 한다. 이제 별도로 원래의 무게 600근에 원래 가기로 했던 500리를 곱하면 300000을 얻고 이것을 법으로 하여 앞의 수를 나누면 된다.
法曰 置元重加添重〔共七百八十斤〕 以元價乘之 再以八百里乘之〔得二百三十四萬兩〕爲實 另置元重六百斤 以元道五百里乘之 得三十萬爲法 除之 合問

☞ 역자 주: 구하는 돈을 x라 하여 다음과 같이 비례식을 세워서 풀어 보자.

$$3.75 : 600 \times 500 = x : 780 \times 800$$

$$x = \frac{3.75 \times 780 \times 800}{600 \times 500} = 7.8(\text{냥}) = 7(\text{냥})\ 8(\text{전})$$

한편, 단위 금액을 구하여 계산해 보자. 1근을 싣고 1리를 가면 $\frac{3.75}{600 \times 500}$냥이므로, 이 값에 (600+180)근과 800리를 곱하면 된다. 즉 $\frac{3.75 \times 780 \times 800}{600 \times 500}$이다.

【1-2-6】 한 사람이 쌀 한 섬을 지고 20보를 하루에 60번 갔다온다. 지금 쌀 1섬 2말을 지고 25보를 갔다온다면, 하루에 몇 번 할 수 있는가?
今有人 負米一石 行二十步日六十返 今負米一石二斗 行二十五步 問日幾返

답 하루에 40번 갔다온다.
答曰 四十返

풀이 먼저 짊어지는 쌀 1섬에 가는 20보를 곱하고 다시 60번 다녀오는 수를 곱하면 1200을 얻고 이것을 실로 한다. 한편 지금 짊어지고 갈 쌀 1섬 2말에 25보를 곱하면 30을 얻고 이것을 법으로 하여 나누면 된다.
法曰 置先負米一石 以行二十步乘之 又以六十返乘之 得一千二百爲實 另置今負米一石二斗 以二十五步乘之 得三十爲法除之 合問

☞ 역자 주: 사람의 능력이 일정하므로 (쌀의 무게×거리×회수)가 일정함을 뜻한다. 즉, 다음을 얻는다.

$$1\times20\times60 = 1.2\times25\times x$$

$$x=\frac{1\times20\times60}{1.2\times25}=\frac{1200}{30}=40$$

【1-2-7】 빈 수레로는 하루에 60리를 가고 여기에 짐을 가득 실었을 때는 하루에 40리를 간다. 지금 곡식을 수레에 가득 싣고 창고까지 3일 동안 두 번 다녀왔다. 창고까지의 거리는 얼마나 되는가?
今有空車 日行六十里 重車日行四十里 今載穀至倉 三日二返 問途路遠近若干

답 36리
答曰 三十六里

풀이 빈 수레로 갈 때와 짐을 가득 싣고 갈 때의 거리 수를 서로 곱하고 또 3일을 곱한다. 〔7200리를 얻는다.〕 이것을 실로 한다. 다음에 빈 수레로 갈 때와 짐을 싣고 갈 때의 거리 수를 서로 합하고 여기에 2번 갔다오는 수를 곱한다. 〔200을 얻는다.〕 이것을 법으로 하여 나누면 된다.
法曰 置空車重車里數相乘 又以三日乘之〔得七千二百里〕 爲實 併空車重車里數 以二返乘得〔二百〕 爲法除 合問

☞ 역자 주: 창고까지의 거리를 x리라 하자. 창고까지 가는 시간은 $\frac{x}{40}$일이고 창고에서 오는 시간은 $\frac{x}{60}$일이다. 따라서 다음을 얻는다.

$$2\left(\frac{x}{40}+\frac{x}{60}\right)=3$$

$$x=\frac{3\times40\times60}{2\times(40+60)}=36$$

【1-2-8】 옛날의 길이 단위인 궁(弓)이 있다. 이때의 1궁은 보와 같고 5자를 나타냈으나 지금 1궁은 4자 8치로 바로 잡혀있다. 지금 옛날 궁의 길이를 써서 100보를 지금의 궁의 길이로 고쳐서 생각하면 얼마인가?
今有古弓 每步五尺 以今弓挍之 則乃四尺八寸 今只有古弓一百步 以今弓改量 問今弓若干

답 92보 1푼 6리
答曰 九十二步一分六厘

풀이 지금의 궁의 길이 4자 8치를 제곱한 다음 100보를 곱하면 2304를 얻고 이것을 실로 한다. 한편 옛날 궁의 길이 5자를 제곱하여 25를 얻은 다음 이것을 법으로 하여 나누면 된다.
法曰 置今弓〔四尺八寸〕自乘 又以一百步乘之得〔二千三百0四〕爲實 另置古弓〔五尺〕自乘〔得二十五〕爲法除之 合問

☞ 역자 주: 풀이로 미루어 보건대, 문제의 100보는 넓이를 나타내는 100제곱보로 생각해야 한다. 비례식을 세워 풀어보자.

길이의 비가 5 : 4.8이므로 넓이의 비는 $5^2 : 4.8^2$이다. 따라서 다음을 얻는다.

$$5^2 : 4.8^2 = 100 : x$$

$$x=\frac{4.8^2\times100}{5^2}$$

3 전무형단문 29문제(田畝形段門 二十九問)

'전무형단문'에서는 <구장산술>의 '방전'에서 여러 모양의 밭의 넓이를 측정하기 위한 공식을 다루는 내용을 확장하여, 좀더 다양한 평면도형의 넓이를 계산하는 문제들을 담고 있다.

【1-3-1】 지금 방전(정사각형의 밭)이 있는데, 한 변이 49보이다. 넓이는 얼마인가?
今有方田 自方四十九步 問共積若干

답 2401보〔10무 1보이다.〕
答曰 二千四百零一步〔該畝一十畝一步〕

풀이 한 변을 제곱하면 밭의 넓이이고 1무는 240보이므로 240보로 나누면 된다.
法曰 置方自之 爲田積 以畝法二百四十步除 合問

☞ 역자 주: 넓이와 부피를 통틀어 적(積)이라 한다. 또는 본 책의 범례 3에서와 같이 넓이를 평적(平積), 부피를 입적(立積)이라 한다.

또한 조선 시대의 산서에서는 보와 제곱보, 즉 길이와 넓이의 단위를 구별하지 않는다. 상황에 따라 구별하여 해석해야 한다. 그리고 문제에서 길이의 단위를 보로 하여 조건이 제시되어 있기 때문에 넓이 역시 일단 제곱보로 구하였지만, 실제 생활에서 넓이 단위로 사용된 것은 '무(畝)'였으므로 1무=240제곱보를 이용하여 무로 환산한 값을 궁극적인 해로 삼았다.

【1-3-2】 지금 방전이 있는데, 양 대각선이 각각 28보이다. 넓이는 얼마인가?
今有方田 兩隅斜去各二十八步 問積若干

답 392보
答曰 三百九十二步

풀이 대각선을 제곱하여 784보를 얻고, 이것의 반이 밭의 넓이이다.
法曰 置斜自乘 得七百八十四步 折半合問

☞ 역자 주: 오른쪽 그림의 직각삼각형으로부터 $d^2=2x^2$이고, 따라서 $x^2=\frac{d^2}{2}$으로 구한다.

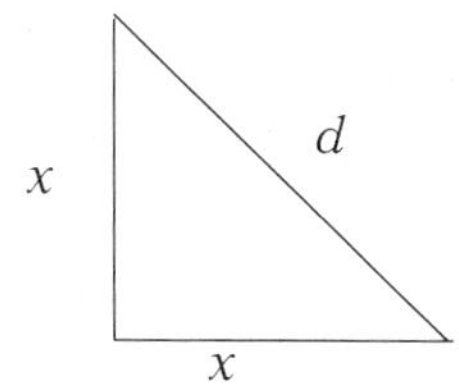

【1-3-3】 지금 직전(직사각형의 밭)이 있는데, 길이가 72보이고 너비가 36보이다. 넓이는 얼마인가?
今有直田 長七十二步 濶三十六步 問積若干

답 2592보
答曰 二千五百九十二步

풀이 길이에 너비를 곱하면 된다.
法曰 置長以濶乘之 合問

☞ 역자 주: 도형의 변을 말할 때 長·從은 긴 변, 濶·平·廣은 짧은 변을 일컫는다. 직사각형의 경우에 장과 활은 놓은 위치에 따라 결정되는 가로 및 세로의 의미와 구별되므로 긴 변을 '길이', 짧은 변을 '너비'로 번역하고자 한다. 아울러, 뒤에 나오는 규전, 우각전 등에서 中長 등의 용어는 고유명사라기보다는 가운데에 있는 길이를 의미하는 것으로 보인다.

【1-3-4】 지금 규전(삼각형의 밭)[23]이 있는데, 높이는 55보이고 밑변은 32보이다. 넓이는 얼마인가?
今有圭田 中長五十五步 下濶三十二步 問積若干

답 880보

23) 규전을 이등변삼각형으로 보는 학자들도 있다. 어느 경우든 중장은 높이, 활은 밑변을 지칭한다.

答曰 八百八十步

풀이 높이에 밑변을 곱하여 2로 나누면 된다.
法曰 置長以濶乘之折半 合問

【1-3-5】 지금 사전(마름모꼴의 밭)이 있는데, 중장은 60보이고 중광은 32보이다. 넓이는 얼마인가?
今有梭田 中長六十步 中廣三十二步 問積若干

답 960보
答曰 九百六十步

풀이 중장에 중광을 곱하여 2로 나누면 된다.
法曰 置長以濶乘之折半 合問

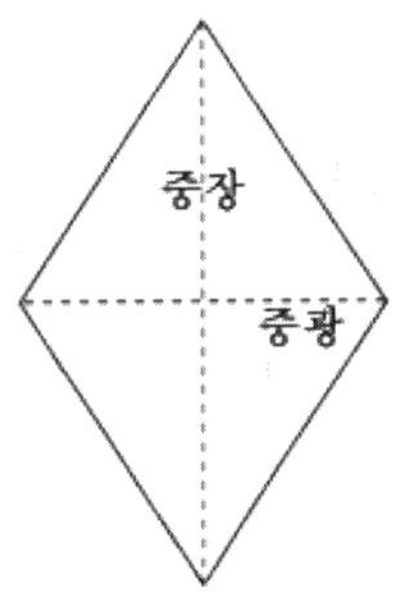

☞ 역자 주: 마름모에서 중앙의 가장 긴 길이를 중장, 중앙의 가장 긴 너비를 중광이라 한다. '장>광'에 따라 '중장>중광'이 된다. 따라서 문제의 도형은 오른쪽 그림과 같이 나타낼 수 있고, 그 넓이를 오늘날의 방식대로 표현하면, 두 대각선의 곱을 2로 나누는 것이다.

【1-3-6】 지금 제전(사다리꼴의 밭)이 있는데, 대두[24]는 8보, 소두는 6보, 높이는 12보이다. 넓이는 얼마인가?
今有梯田 大頭八步 小頭六步 長一十二步 問積若干

답 84보
答曰 八十四步

풀이 두 변(즉 대두와 소두)을 더하여 2로 나누면 7이고 여기에 높이

24) 사다리꼴에서 평행한 두 변 중에서 긴 변을 대두, 짧은 변을 소두, 높이를 장이라 한다.

를 곱하면 된다.
法曰 倂兩廣折半得七 以長乘之 合問 〔斜田法同〕

☞ 역자 주: 오늘날의 방법으로 표현하면, $\frac{(\text{윗변})+(\text{아랫변})}{2}\times(\text{높이})$로서 오른쪽 그림과 같이 생각할 수 있다.

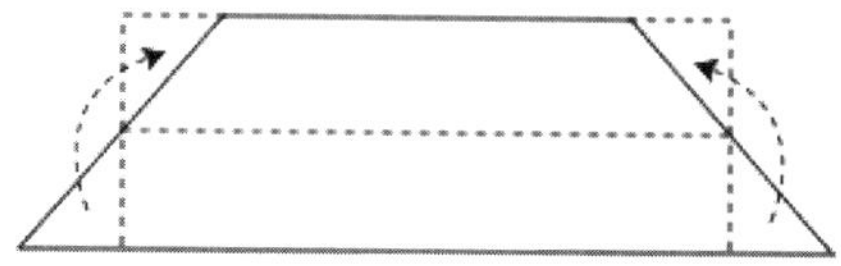

【1-3-7】 지금 사부등전이 있는데, 동쪽 변은 60보, 서쪽 변은 50보, 남쪽 변은 40보, 북쪽 변은 30보이다. 넓이는 얼마인가?
今有四不等田 東長六十步 西長五十步 南濶四十步 北濶三十步 問積若干

답 1925보
答曰 一千九百二十五步

풀이 동서 양쪽의 변을 합하여 2로 나누고 또 남북 양쪽의 변을 합하여 2로 나누고 서로 곱하면 된다.
法曰 東西長倂折半 又南北廣倂折半 相乘 合問

☞ 역자 주: 네 변이 모두 다른 사각형 모양의 밭을 사부등전이라고 한다. 즉 모두 다른 길이의 네 변이라는 최소의 조건 이외의 어떠한 조건도 첨가되지 않은 가장 일반적인 사각형을 말한다.

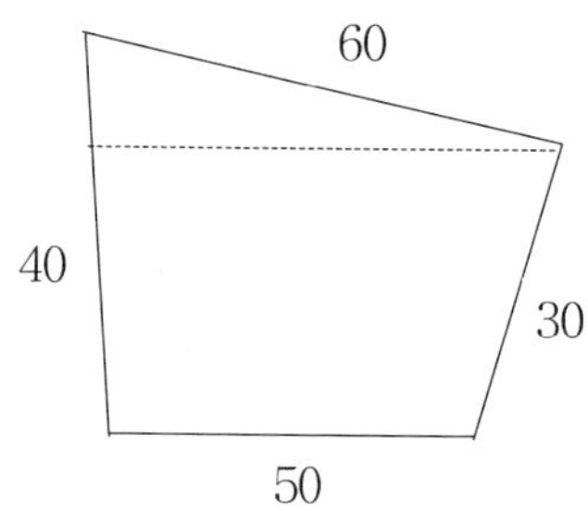

사각형에서 네 변만 주어지면 이 사각형은 유일하게 결정되지 않는다. 예를 들어, 네 변이 같은 정사각형에서 내각이 90도가 아닌 경우에는 마름모가 되어 넓이가 얼마든지 작아진다. 따라서 사각형의 네 변만 주어진 이 문제는 넌센스이다. 저자가 중국의 산서를 하등의 검증 없이 맹목적으로 인용한 것으로 추측된다.

실제로 황윤석의 이수신편 제22권 <산학입문>에 보면, 그 풀이가 <오조산경>에 나와있음을 알 수 있고 황윤석은 그 방법의 잘못을 지적하면서 위의 그림에서와 같이 구고전과 반제전으로 나누어 넓이를 구해야 함을 보여준다. 이 방법을 적용하는 과정에서 네 각 중 하나가 직각이라는 조건을 가정하여 생각하고 있으며, 근사적인 치수를 이용하므로 구한 넓이 역시 근사값이다.

한편 13세기 말 양휘는 그 부정확함을 비판하면서 사부등전을 두 개의 삼각형으로 분할하는 방법을 제안하기도 하였다.25)

【1-3-8】 지금 고원전이 있는데, 둘레는 72보이고 지름은 24보이다. 넓이는 얼마인가?

今有古圓田 周七十二步 經二十四步 問積若干

답 432보

答曰 四百三十二步

풀이 원의 둘레와 지름을 서로 곱하여 실로 하고 4로 나누면 된다. 〔원전, 구전, 오전도 이와 같은 방법으로 한다.〕

法曰 周經相乘爲實 四而一得積 合問〔畹田 丘田 皦田法皆倣此〕

별해 둘레를 제곱하고 지름의 법인 1을 곱한다. 〔5184를 얻는다.〕 이것을 실로 한다. 한편 둘레의 법인 3을 4배하여 12를 얻어 이것을 법으로 하여 나누면 된다.

一法 置周自乘又以經法一乘之〔得五千一百八十四〕爲實 另列周法三以四因得十二爲法 除之 亦得積

별해 지름을 제곱하여 둘레의 법인 3을 곱하여 실로 한다. 한편 지름의 법인 1을 4배하여 4를 얻어 이것을 법으로 하여 나누면 역시 넓이를 얻는다.

一法 置經自乘 又以周法三乘之爲實 另列經法一以四因得四爲法 除之 亦得積

☞ 역자 주: 본 책의 범례 3-[1]에서 다루었듯이, 원 관련 문제에서 원주율을 3으로 하는 것을 고법(古法)이라 하고, 이 고법에 의해 원의 모든 문제를 푸는 것을 고원이라 한다. 따라서 고원전이란 원 모양의 밭의 넓이를 고법을 이용해

---

25) Martzloff, J-C.(1997), *A History of Chinese Mathematics*, Springer.

서 계산하는 것을 말한다. 한편 원의 넓이를 구하는 방법은 범례 3-[10], [11], [12]에 제시된 각각 지름, 둘레, 둘레와 지름을 알 때의 구하는 방법을 그대로 따른 것이다. 이것은 휘원전과 밀원전에 대해서도 마찬가지이다.

☞ 역자 주: 풀이에서 언급한 원전(畹田), 구전(丘田)에 대해서는 황윤석의 <산학입문>에 제시된 아래의 그림을 참조할 수 있고, 그 넓이를 구하기 위해 둘레와 지름을 곱하여 4로 나누는 원전(圓田)과 동일한 방법을 이용한다.

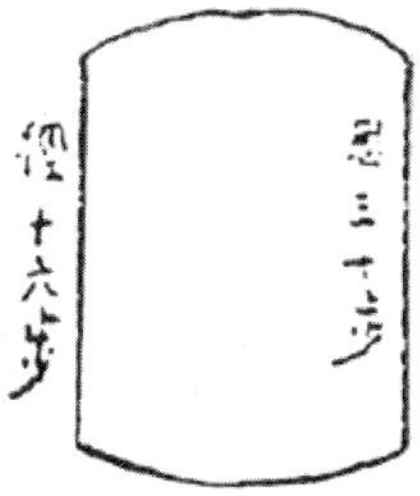

원전(畹田)

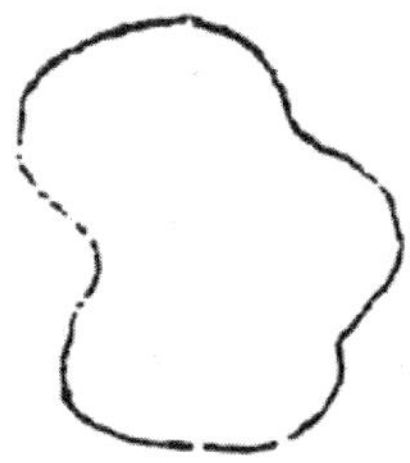

구전(丘田)

【1-3-9】 지금 휘원전이 있는데, 둘레는 314보이고 지름은 100보이다. 넓이는 얼마인가?
今有徽圓田 周三百一十四步 經一百步 問積若干

답 7850보
答曰 七千八百五十步

풀이 둘레와 지름을 서로 곱하여 4로 나누면 된다.
法曰 周經相乘爲實 四而一得積 合問

별해 둘레를 제곱하고 지름의 법인 50을 곱하여 실로 한다. 한편 둘레의 법인 157을 4배하여 628을 얻어 법으로 하여 나누면 역시 넓이를 얻는다.
一法 置周自乘又以經法五十乘之爲實 另列周法一百五十七以四因得六百二十八爲法 除之亦得積

별해 지름을 제곱하여 여기에 둘레의 법인 157을 곱하여 실로 한다. 한편 지름의 법인 50을 4배하여 200을 얻어 법으로 하여 나누면 역시 넓이를 얻는다.
一法 置經自乘 又以周法一百五十七乘之爲實 又列經法五十以四因得二百爲法 除之 亦得積

☞ 역자 주: 범례의 3-[2]에서 다룬, 유휘(劉徽)가 고안한 원주율은 둘레 157자, 지름 50자의 비율이다. 이 비율이 오늘날 원주율로 상용하는 3.14에 해당한다. 이 원주율로 계산하는 원전이 휘원전이다.

【1-3-10】 지금 밀원전이 있는데, 둘레는 44보이고 지름은 14보이다. 넓이는 얼마인가?
今有密圓田 周四十四步 經一十四步 問積若干

답 154보
答曰 一百五十四步

풀이 둘레와 지름을 서로 곱하여 4로 나누면 된다.
法曰 周經相乘爲實 四而一得積 合問

별해 둘레를 제곱하여 지름의 법인 7을 곱한다. 〔13552를 얻는다.〕 이것을 실로 한다. 한편 둘레의 법인 22를 4배하여 88을 얻어 이것을 법으로 나누면 역시 넓이를 얻는다.
一法 置周自乘 又以經法七乘〔得一萬三千五百五十二〕爲實 另列周法二十二以四因得八十八爲法 除之 亦得積

별해 지름을 제곱하여 여기에 둘레의 법인 22를 곱하여 실로 한다. 한편 지름의 법인 7을 4배하여 법으로 하여 나누면 역시 넓이를 얻는다.
一法 置經自乘 又以周法二十二乘之爲實 另列經法七以四因得二十八爲法 除之 亦得積

☞ 역자 주: 범례의 3-[3]에 조충지(組沖之)의 밀률로 $\frac{22}{7}$가 나와있다. 그는 원주율을 매우 정확한 수준까지 구한 것으로 알려지며, 그가 고안한 원주율로 밀률과 약률의 두 가지를 말한다. 전자가 더 정확한 값으로 $\frac{355}{113}$이고, 후자는 사용하기 편리한 대략적인 값으로 $\frac{22}{7}$이다. 따라서 여기서의 밀률은 엄밀하게 말하면 약률에 해당한다. 밀률에 의하여 계산된 원전이 밀원전이다.

☞ 역자 주: **원주율과 원의 넓이를 구하는 방법**

이상의 세 문제에서 사용된 원주율은 본 책의 범례 '3.원과 관련한 문제 풀이에 대한 설명'에 제시된 원주율 중 고법, 휘술, 밀률의 세 가지이다. 각 경우에 '지름의 법'과 '둘레의 법'을 1과 3, 50과 157, 7과 22로 한다는 설명에서, 결과적으로 원주율을 $\frac{(\text{둘레의 법})}{(\text{지름의 법})}$으로 간주하였음을 알 수 있다. 이를 다음 표와 같이 정리할 수 있다.

원주율	근사값	지름의 법	둘레의 법
고법	3	1	3
휘술	$\frac{157}{50}$ (=3.14)	50	157
밀률	$\frac{22}{7}$	7	22

한편 원의 넓이를 구할 때는 범례에서 보았듯이 둘레와 지름을 알 때, 둘레를 알 때, 지름을 알 때 각각 다음의 방법을 이용하였다.

(1) $\frac{(\text{둘레})\times(\text{지름})}{4}$

(2) $\frac{(\text{둘레})^2\times(\text{지름의 법})}{4\times(\text{둘레의 법})}$

(3) $\frac{(\text{지름})^2\times(\text{둘레의 법})}{4\times(\text{지름의 법})}$

세 방법을 각각 오늘날의 표현을 빌어 원주를 $2\pi r$로, 지름을 $2r$로 써서 나타내면 모두 원의 넓이 공식 πr^2이 됨을 알 수 있다.

【1-3-11】 지금 호시전(활꼴의 밭)이 있는데, 현은 12보이고 시는 4보이다. 넓이와 원의 지름은 얼마인가?
今有弧矢田 弦長十步 矢濶四步 問積及圓中徑若干

답 넓이 32보, 원의 지름 13보
答曰 積三十二步 圓中徑一十三步

풀이 현과 시를 합하여 2로 나누면 8보를 얻는다. 여기에 시를 곱하면 넓이를 얻는다. 〔복월전[26]도 같다.〕
法曰 併弦矢折半 得八步 以矢濶乘之 得積 合問〔覆月田同〕

별해 현의 반을 제곱하고 시로 나누고 다시 여기에 시를 더하면 원의 지름이 된다.
一法 置弦半之自乘 以矢除之 又加矢 得圓中徑也

별해 현의 반을 제곱하고 또 시를 제곱하여 이 두 수를 합하여 실로 하고 시로 나누면 역시 원의 지름이 된다.
一法 置弦半之自乘 又矢自乘 二位併之爲實 以矢除之 亦得圓中徑也

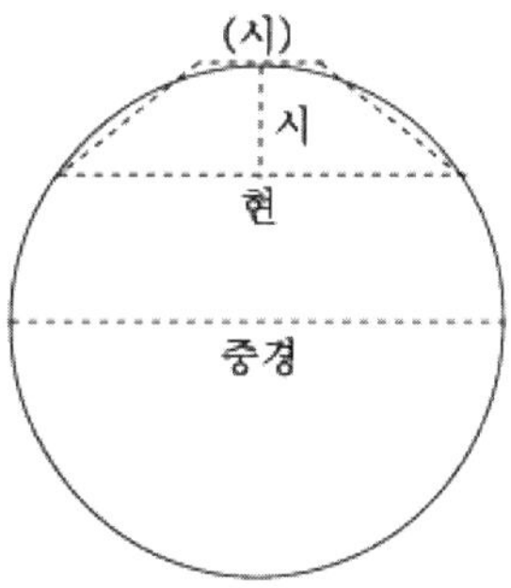

☞ 역자 주: 호와 현으로 이루어진 모양의 밭이 호시전이다. 오늘날의 활꼴에 해당한다. 이 호를 일부로 갖는 원의 지름을 중경이라 하였고, 호시전에서 시와 현은 오른쪽 그림과 같다.

<구장산술>의 '방전'에서 호시전의 넓이를 구하는 방법은 현과 시의 곱과 시의 제곱을 더하여 2로 나누는 것이다. 즉 $\frac{현 \cdot 시 + 시^2}{2} = \frac{시(시 + 현)}{2}$이므로, 여기서의 풀이와 결국 마찬가지이다. 이렇게 구한 넓이는 호시전의 시를 윗변으로 하고 현을 아랫변으로 하는 사다리꼴로 간주하여 구한 근사값에 해당한다.

---

26) 문제 1-3-14에서 다루는 '미전'을 뒤집어 놓은 모양을 말한다.

【1-3-12】 지금 삼사전이 있는데, 대사는 18보, 중사는 12보, 소사는 9보이고 중고는 6보이다. 넓이는 얼마인가?
今有三斜田 大斜一十八步 中斜一十二步 小斜九步 中股長六步 問積若干

답 54보
答曰 五十四步

풀이 대사에 중고를 곱하여 2로 나누면 된다. [별해로서 중사와 소사를 서로 곱하여 2로 나누어 구할 수도 있다.]
法曰 置大斜 以中股乘之折半 合問 [一法 中斜小斜相乘折半 亦得]

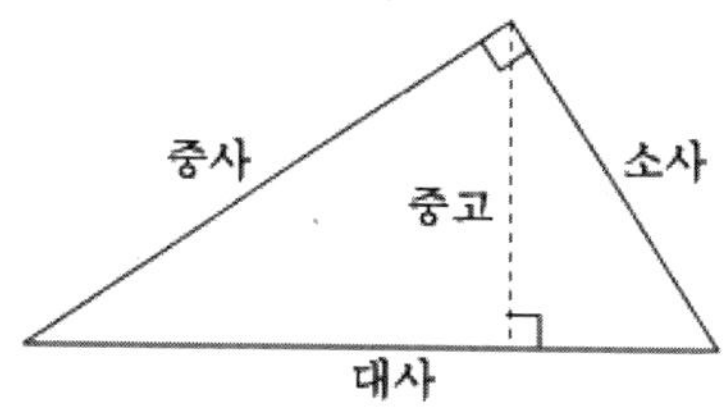

☞ 역자 주: 경선징이 쓴 <묵사집산법>의 문제 2-3-15에서 주어진 변의 길이 또는 문제의 해법을 '二段句股田法'이라고 한 사실로부터 삼사전을 3개의 닮은 직각삼각형을 고려할 수 있는 오른쪽 그림과 같은 직각삼각형으로 생각한 것으로 추측된다. 홍정하의 경우에도 마찬가지로 생각해볼 수 있다. 별해, 즉 중사와 소사를 서로 곱하여 2로 나누면 넓이가 된다는 것은 특별한 경우인 직각삼각형에만 성립하는 방법이기 때문이다(실제로 변의 길이는 직각삼각형의 조건을 만족시키지 못함). 가장 긴 변을 대사, 그 다음 긴 변을 중사, 가장 짧은 변을 소사라고 하며, 가장 긴 변을 밑변으로 할 때의 높이가 중고(中股)인데, 중고의 '股'자는 이러한 추측을 더욱 뒷받침해준다. 그러나 중국 산학서 및 그 밖의 조선 산학서에서 볼 때 삼사전은 일반적인 삼각형을 의미한다.

☞ 역자 주: 삼각형의 넓이를 구하기 위한 네 가지 조건이 주어져 있으나, 실제로 세 변이 주어지면 삼각형은 유일하게 결정되므로 중고는 필요 없는 조건이다. 또는 대사와 중고의 두 가지 조건만으로 충분하다. 헤론의 공식(중국 수학에서는 13세기 진구소의 <수서구장>에서 이에 상응하는 식이 등장한다.)에 따르면 세 변 a, b, c가 주어질 때 삼각형의 넓이 S는 다음과 같다.

$$S=\sqrt{s(s-a)(s-b)(s-c)} \quad (\text{단, } s=\frac{a+b+c}{2})$$

그러므로 세 변이 18, 12, 9인 삼각형의 넓이는 $S=\sqrt{2303.4375}=47.99\cdots=48$이다. 이는 대사와 중고를 이용하여 구한 54보와 6의 오차가 있다. 즉 세 변이 18, 12, 9이면서 높이가 6인 삼각형은 존재하지 않으므로 문제의 조건은 부적절하다.

【1-3-13】 지금 삼각전[27]이 있는데, 세 변이 모두 21보이다. 넓이는 얼마인가?

今有三角田 三面[28]各二十一步 問積若干

답 189보

答曰 一百八十九步

풀이 21보에 6배하고 7로 나누면 높이를 얻고〔18보〕 21보와 서로 곱하여 2로 나누면 된다.

法曰 置二十一步 六因七歸 得中長〔一十八步〕相乘折半 合問

☞ 역자 주: 이 문제의 삼각전은 중국의 많은 산학서에서와 같이 특히 정삼각형으로 간주하여 삼각형의 높이를 구하는 데 초점이 있다. 한 변이 a인 정삼각형의 높이는 $\frac{\sqrt{3}}{2}a$인데, 문제의 풀이에서는 $\frac{\sqrt{3}}{2}$의 근사값으로 $\frac{6}{7}$을 택하였다. 그 크기는 다음과 같이 비교할 수 있다.

$$\left(\frac{\sqrt{3}}{2}\right)^2=\frac{3}{4}=\frac{36}{48}\fallingdotseq\frac{36}{49}=\left(\frac{6}{7}\right)^2$$

【1-3-14】 지금 미전[29]이 있는데, 상주는 16보, 하주는 12보, 경은 6보이다. 넓이는 얼마인가?

今有眉田 上周十六步 下周十二步 徑六步 問積若干

---

27) 삼각전은 삼사전과 같은 종류라고 황윤석의 <산학입문>에 기록되어 있다. 한편, 많은 중국 산학서에서 정삼각형으로 다루고 있다.
28) 평면도형에서 면(面)은 변을 지칭한다.
29) 눈썹 모양의 밭을 말한다.

답 42보
答曰 四十二步

풀이 상주와 하주를 합하여 2로 나누고 다시 여기에 경의 반을 서로 곱하면 된다. 〔우각전도 같다.〕
法曰 倂上下周折半 又徑折半相乘 合問 〔牛角田同〕

☞ 역자 주: 두 개의 원호가 중심이 같은 방향에 있도록 만났을 때 이루어지는 도형이 미전이다. 두 원주가 호시전을 만들 때 두 시의 차가 미전의 경이다.

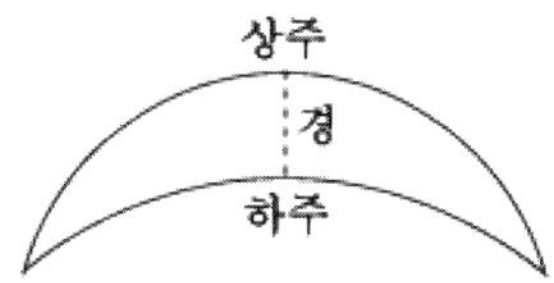

☞ 역자 주: 위의 방법은 상주와 하주의 평균인 양자의 중간에 위치한 둘레를 밑변, 경을 높이로 하는 삼각형으로 근사시켜 계산한 것으로 볼 수 있다. 이것은 두 개의 호시전으로 나누어 계산하는 방법에 비해 너무 조잡한 근사셈인 것 같다.

【1-3-15】 지금 우각전[30]이 있는데, 중장은 15보이고 활은 6보이다. 넓이는 얼마인가? 〔모양은 미전의 반이다.〕
今有牛角田 中長一十五步 濶六步 問積若干〔形如半眉〕

답 45보
答曰 四十五步

풀이 중장에 활을 곱하여 2로 나누면 된다.
法曰 置長以濶乘之折半 合問

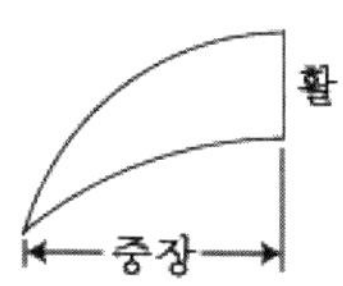

☞ 역자 주: 우각전은 미전의 반으로, 미전에서의 경이 우각전의 활이 된다. 또한 활에 대한 높이가 중장이 된다.

☞ 역자 주: 이 풀이법은 우각전을, 활을 밑변으로 하고 중장을 높이로 하는 삼

30) 쇠뿔 모양의 밭을 말한다.

각형으로 보고 넓이를 구하는 근사셈이다. 주어진 데이터와 풀이법은 위 문제의 풀이법과 비교하여 우각전이 미전의 반이라는 사실에 대해 전혀 관련성을 부여하지 못하고 있다.

【1-3-16】 지금 남형전이 있는데, 중장은 20보이고 활은 8보이다. 넓이는 얼마인가?
今有欖形田 中長二十步 濶八步 問積若干

답 96보
答曰 九十六步

풀이 중장에 활의 반을 더하고 이것을 2로 나눈다. 〔12보를 얻는다.〕 여기에 활을 곱하면 된다. 〔모양은 두 호시전이다.〕
法曰 置長加半濶折半〔得十二步〕 以濶乘之 合問〔形如二弧矢田〕

☞ 역자 주: 두 개의 호시전이 현을 공통으로 하여(그것을 중장이라 함) 붙어 있는 것이 남형전이다. 풀이 역시 호시전의 넓이를 구하는 방법과 관련지어 활이 시의 2배이므로 두 호시전의 넓이로 생각한 것이다.

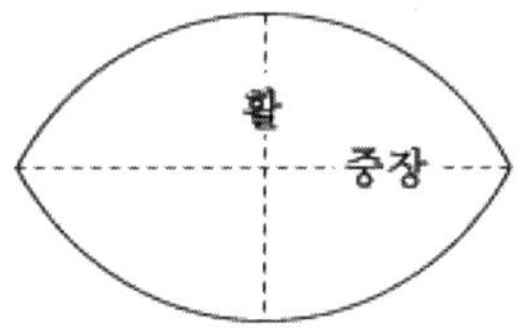

☞ 역자 주: 이 문제의 풀이법은 앞에서 호시전의 넓이 구하는 방법에 따라 한 호시전의 넓이를 구하여 2배하는 것이다.

【1-3-17】 지금 요고전이 있는데, 양쪽 끝변이 모두 8보이고 중광은 16보, 길이는 20보이다. 넓이는 얼마인가?
今有腰鼓田 兩頭各八步 中廣一十六步 長二十步 問積若干

답 240보
答曰 二百四十步

풀이 양쪽 끝변을 합하여 2로 나누고 여기에 중광을 더한 다음에 길이의 반을 곱하면 된다. 〔모양은 두 제전이다.〕

法曰 倂兩頭廣 折半 加中廣 以半長乘 合問〔形如二梯田〕

별해 중광을 두 배하고 여기에 양쪽 끝변을 더한 다음 길이를 곱하고 4로 나누면 역시 넓이가 된다.

一法 倍中廣 加入兩廣 以長乘之 就以四歸 亦得積

☞ 역자 주: 요고전은 두 개의 제전, 즉 사다리꼴이 긴 변을 맞대고 합쳐진 모양으로 설명되어 있다. 그러나 황윤석의 이수신편 제21권 <산학입문>에서는 요고전과 고전을 다음 그림과 같이 구별하므로 그에 따르면 <구일집>의 요고전은 후자에 해당한다.

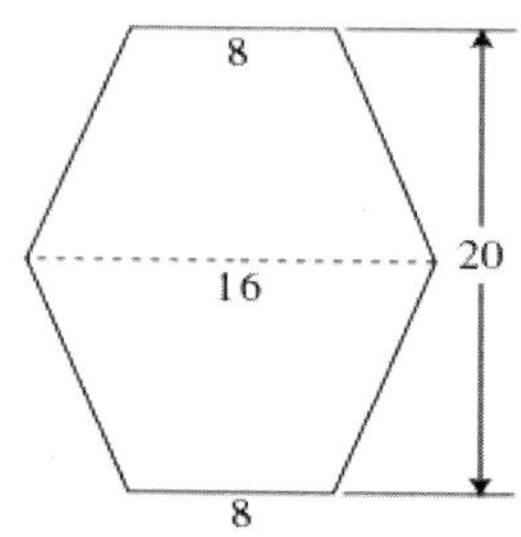

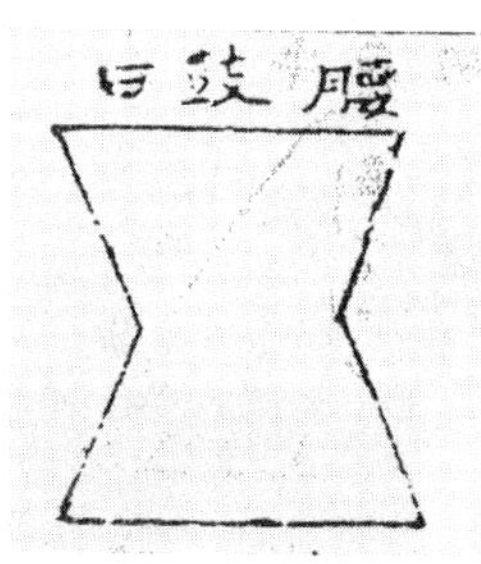

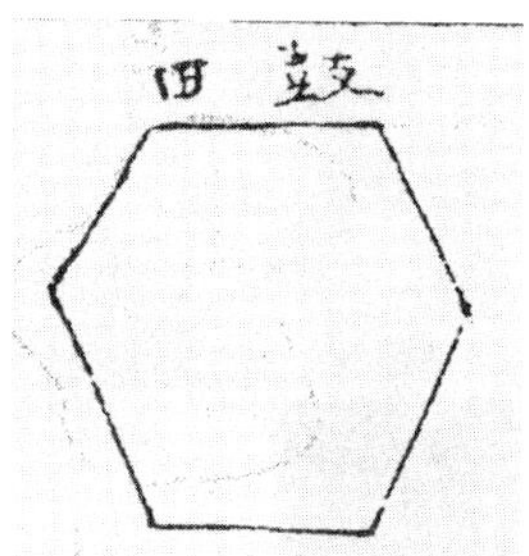

한편, 위의 풀이법은 양 끝변이 다른 일반적인 경우(<산학입문>에서는 이를 삼광전이라 함)에 대해서도 적용된다. 다만 양쪽 끝변이 같으면 중광의 위치는 관계없지만, 양쪽 끝의 두 변이 다르면 중광은 중앙에 있어야 한다.

다시 말해, 넓이 $\frac{a+m}{2}h+\frac{b+m}{2}k$에서,

(i) $a=b$이면 $\frac{a+m}{2}(h+k)$로, $h+k$가 일정하면 넓이가 일정하다.

(ii) $a\neq b$이면 $h=k$이어야 $h(\frac{a+b}{2}+m)$으로 풀이법이 적용 가능하다.

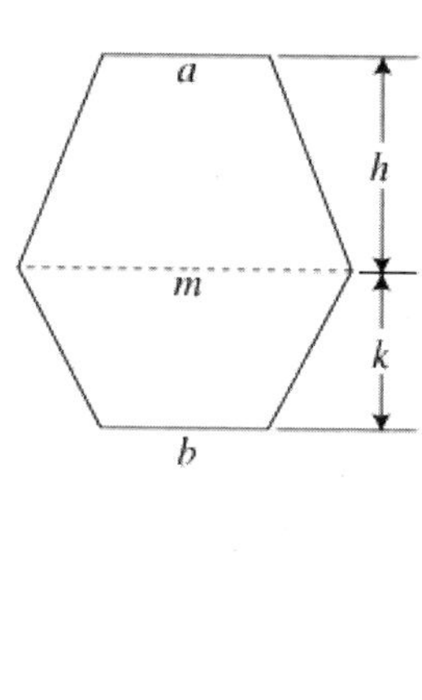

【1-3-18】 지금 곡척전이 있는데, 내곡은 26보, 외곡은 38보이고 양쪽 끝변은 각각 12보이다. 넓이는 얼마인가?
今有曲尺田 內曲二十六步 外曲三十八步 兩頭各廣一十二步 問積若干

답 384보
答曰 三百八十四步

풀이 내곡에 외곡을 더하면 모두 64보이다. 여기에 끝변의 반인 6보를 곱하면 된다.
法曰 置內曲加外曲 共六十四步 以半廣六步乘之 合問

별해 내곡의 반에 끝변〔12보〕을 곱하여 〔156보를〕 얻는다. 한편 외곡의 절반에 또 끝변〔12보〕을 곱하여 〔228보를〕 얻는다. 이 두 수를 합하면 역시 넓이를 얻는다.
一法 置內曲折半以廣〔一十二步〕 乘之得〔一百五十六步〕 另置外曲折半 又以廣〔一十二步〕 乘之得〔二百二十八步〕 二位併之 亦得

☞ 역자 주: 곡척전은 직사각형에서 한 쪽 귀에 있는 작은 직사각형을 잘라낸 모양이다. 산학에서 곡(曲)은 이와 같이 직각으로 구부러진 도형, 즉 그노몬(gnomon)을 의미한다.

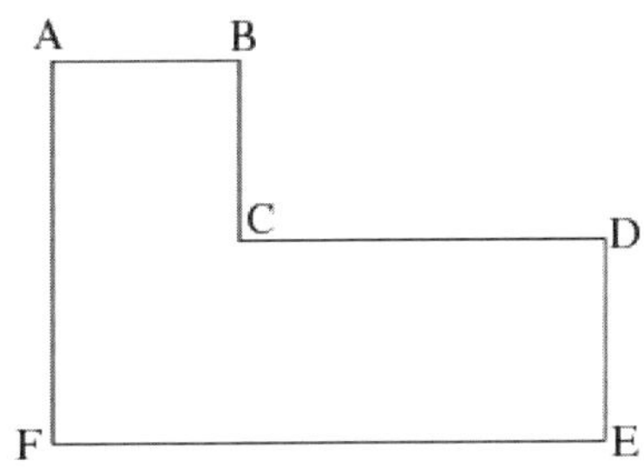

오른쪽 그림에서 AF+FE=외곡, BC+CD=내곡, AB=끝변, DE=또다른 끝변이다. 이 문제에서는 AB=DE=12보이지만 양자가 반드시 같을 필요는 없다. 그림에서 보는 바와 같이 곡척전의 문제에서는 항상 외곡(AF+FE)=끝변 AB+내곡(BC+CD)+끝변 DE가 성립한다.

그러나 지금 방금 다룬 문제에서는 외곡=38보≠끝변 12보+내곡 26보+끝변 12보=50보이므로, 이 문제의 조건은 불합리하다.

☞ 역자 주: 곡척전의 문제에서 외곡을 a, 내곡을 b, 끝변을 각각 c와 d라 하면, 항상 $a=b+c+d$임이 분명하다. 반대로 외곡 a, 내곡 b, 끝변 c와 d인 곡척전의 문제가 주어지면 이 조건을 만족시키는 곡척전은 무한히 존재한다. 만일 $c<d$이면 이 곡척전들은 서로 다른 넓이를 갖고 그 넓이 S의 범위는 $(b+$

$d)c<S<(b+c)d$임을 알 수 있다. 특히 $c=d$이면 이 무한히 존재하는 곡척전은 모두 같은 넓이 c^2+bc를 갖는다.

정사각형의 밭에서 한 쪽 귀에서 끝변이 c와 d이도록 직사각형을 떼 내어 곡척전을 만들면, 이때 곡척전은 유일하게 결정된다. 따라서 외곡 a, 내곡 b, 끝변이 각각 c와 d인 곡척전에서, a의 반을 한 변으로 하는 정사각형의 밭에서 곡척전을 만들었다고 하는 조건을 명시하면 답은 유일하다.

【1-3-19】 지금 전령전이 있는데, 동서 양쪽 길이는 각각 6보이고 중장은 8보이며 활은 4보이다. 넓이는 얼마인가?
今有箭翎田 東西各長六步 中長八步 濶四步 積若干

답 28보
答曰 二十八步

풀이 **중장을 2배하고 여기에 양쪽 길이를 합하고 2로 나눈다. 활의 반을 여기에 곱하면 된다. 〔전괄전의 풀이법도 이와 같다.〕**
法曰 倍中長倂兩長折半 以半濶乘之 合問〔箭筈田法倣此〕

☞ 역자 주: 전령전(좌)과 전괄전(우)은 제전 두 개를 합한 모양으로 다음 그림과 같다.

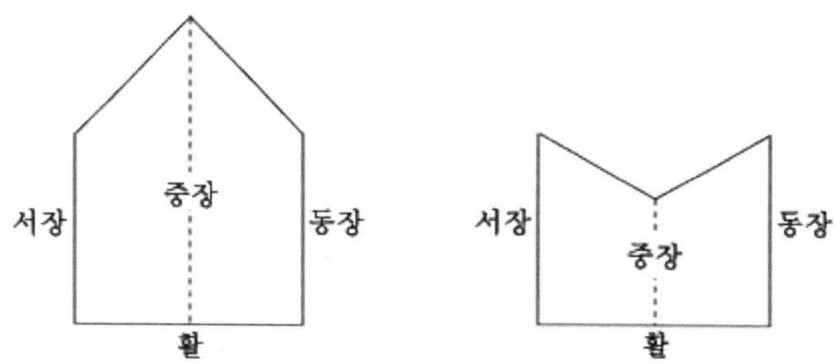

☞ 역자 주: 동장과 서장의 양 길이가 같으므로 한 쪽 사다리꼴의 넓이를 구하여 2배해도 된다. 이 문제의 풀이는 동장과 서장의 길이가 같지 않은 일반적인 경우를 포함한다. 중장을 m, 동장과 서장을 각각 a와 b, 활을 h라 하면 다음이 성립한다. (단, $h'=\frac{h}{2}$)

$$\frac{2m+a+b}{2}\times\frac{h}{2}=(\frac{m+a}{2}+\frac{m+b}{2})\times\frac{h}{2}$$
$$=\frac{(m+a)h'}{2}+\frac{(m+b)h'}{2}$$

【1-3-20】 지금 구고호시합병전 하나가 있다. 다만 구와 고는 각각 20보라고 한다. 넓이는 얼마인가?
今有句股弧矢合併田一段 只云句股各二十步 問積若干

답 300보
答曰 三百步

풀이 직각삼각형의 밑변을 2배하고 이것을 제곱한 다음 3배하고 4로 나눈다. 이것을 다시 4로 나누면 된다.
法曰 置句倍之自乘 又三因四歸 就以四而一 合問

별해 직각삼각형의 밑변의 반은 10보이고 또 10보를 3배하여 〔30보를 얻는다.〕 서로 곱하면 역시 넓이를 얻는다.
一法 置句折半 得十步 又十步三因 〔得三十步〕 相乘亦得

☞ 역자 주: 구고호시합병전은 구고전과 호시전을 붙여 놓은 밭으로 사분원에 해당한다. 풀이는 고원전의 넓이 구하는 방법, 즉 $\frac{(\text{지름})^2\times 3}{4}$을 이용한 다음 4로 나눈 것이다. 한편 별해의 과정을 식으로 나타내면 다음과 같으며 사용한 원주율은 고법 3이다.

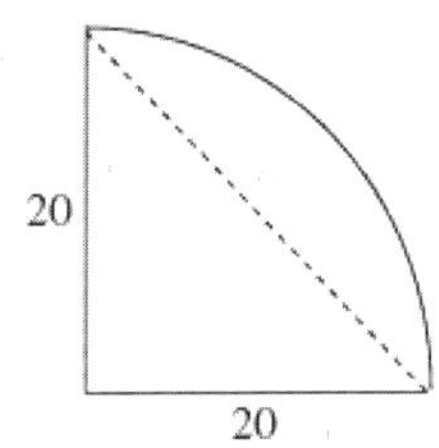

$$\frac{r}{2}\times\frac{r}{2}\times\pi=\frac{\pi r^2}{4}$$

【1-3-21】 지금 정육면칠 육각전이 있는데, 변이 모두 21보이다. 넓이는 얼마인가?
今有正六面七六角田 每面二十一步 問積若干

답 1134보
答曰 一千一百三十四步

풀이 한 변을 2배하고 〔42보를 얻는다.〕 거기에서 한 변의 반〔10보 5푼〕을 뺀 나머지〔31보 5푼〕를 우선 왼쪽 옆에 둔다. 다시 한 변을 6배하고 7로 나눈 다음 2배한다. 〔36보를 얻는다.〕 이것을 앞서 구한 수에 곱하면 된다.
法曰 置一面倍之〔得四十二〕 内減半面〔十步五分〕 餘〔三十一步五分〕 寄左 又一面六因七歸倍之〔得三十六〕 以乘寄左得積 合問

☞ 역자 주: 정육면칠이란 정삼각형에서 높이가 6일 때 변은 7의 비율로 되어있다는 것이다(문제 1-3-13의 삼각전 참조). 이 근사적 비에 기초하여 계산한 1134보도 당연히 근사값이다. 정확하게 구해보면, 다음과 같이 11보 이상 차이가 있다.

(한 변이 21보인 정육각형의 넓이)= $(42+21)\times 21\times \frac{\sqrt{3}}{2}=1145.751609\cdots$

☞ 역자 주: 한 변이 21보인 정육각전은 오른쪽 그림과 같은 요고전으로 생각하여 그 넓이를 구할 수도 있다(문제 1-3-17 참조). 즉, $(\frac{21+21}{2}+42)\times \frac{36}{2}$ 으로 구한다.

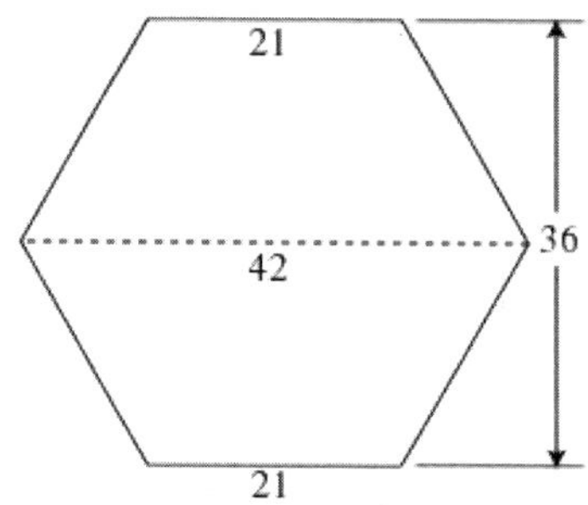

☞ 역자 주: 풀이의 방법을 오른쪽 그림으로 설명하면, 한 변이 21보인 정육각형은 $31\frac{1}{2}$ 보와 36보를 두 변으로 하는 직사각형으로 변형하여 그 넓이를 구할 수도 있다.

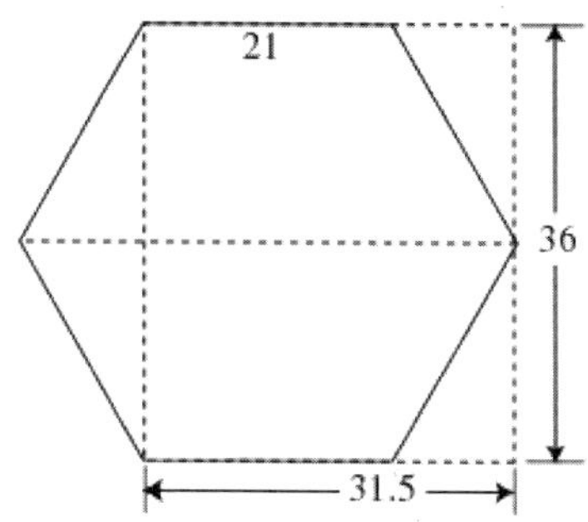

【1-3-22】 지금 방오사칠 팔각전이 있는데, 모든 변이 21보이다. 넓이는 얼마인가?
今有方五斜七八角田 每面濶二十一步 問積若干

답 2160보
答曰 二千一百六十步

풀이 한 변 21보를 6배하여 직사각형의 길이로 하고, 또 한 변 21보를 2배하여 직사각형의 너비로 하여 서로 곱하면 5292보를 얻고 이것을 2.45로 나누면 된다.
法曰 副置濶二十一步 六之爲長 倍之爲濶 相乘得五千二百九十二步 以二箇四分半除之 合問

별해 한 변 21보를 5배하고 7로 나누면 15보를 얻고 2배하면 30보이다. 여기에 한 변을 더하면 51보이다. 〔이것은 전체 정사각형의 한 변이다.〕 이 51보를 제곱한 것에서 또 한 변[31]을 제곱한 것을 빼면 역시 넓이가 된다.
一法 置濶〔二十一步〕 五因七歸得〔一十五步〕 倍之〔得三十步〕 加入濶共五十一步〔此方田全長數〕 自乘 又濶自乘 二數相減 亦得

☞ 역자 주: 방5사7이란 한 변이 5인 정사각형의 대각선이 7이란 뜻이다. 즉 $\sqrt{5^2+5^2}=\sqrt{50} \fallingdotseq 7$이므로 실제로 $\sqrt{50}$의 근사값으로 7을 이용하는 것이다. <묵사집산법>에서는 이 근사값을 방사법(方斜法)이라 부르며, 양휘(13세기)에서 기인하는 것으로 언급한다.

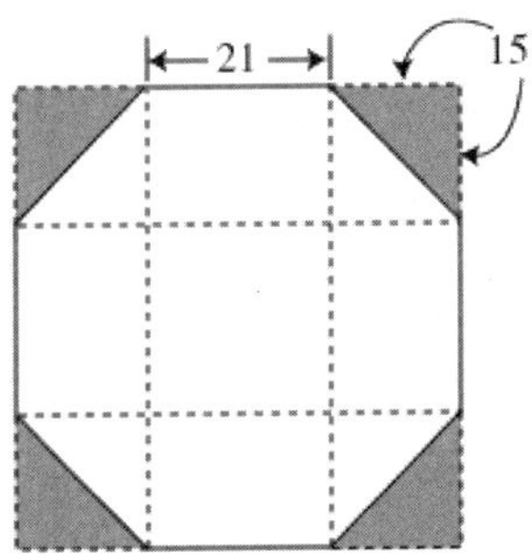

☞ 역자 주: 별해의 아이디어는 다음과 같다. 정팔각형을 오른쪽 그림과 같이 나누면 직각이등변삼각형이 4개 생긴다. 방5사7의 비에 따라서 직각을 낀 변은 15보이다. 중앙에 있는 한 변이 21보인 정사각형을 4등분하여 빗금친 부분으로 옮기면, 정팔각형의 넓이는 한 변이 51보인 정사각형의 넓이에서 한 변이 21보인 정사각형의 넓

31) 가운데 정사각형의 한 변인 21이다.

이를 뺀 것과 같다.

또 정팔각형은 세로 36보, 가로 15보인 직사각형 4개로 나누어지고 이 하나의 직사각형은 세로 63보, 가로 21보인 직사각형의 $\frac{1}{2.45}$ 이다.

풀이에 제시된 2.45는 이것에서 기인하는 수로, 세로 21×6, 가로 21×2인 직사각형은 세로 63, 가로 21인 직사각형보다 넓이가 4배이므로 풀이대로 계산하면 세로 36, 가로 15인 직사각형 4개의 넓이, 즉 정팔각형의 넓이가 된다.

☞ 역자 주: 방5사7은 근사적 비이므로 이것을 기초로 한 본 문제의 답 역시 근사값이다. 그 정확도를 검증해보면, 한 변이 21보인 정팔각형의 넓이는 다음과 같이 구하므로 30보 이상의 오차가 있다.

$$(21+21\sqrt{2})^2-21^2$$
$$=21^2+2\times21^2\times\sqrt{2}+21^2$$
$$=2129.336362\cdots$$

【1-3-23】 지금 환전[32]이 있는데, 외주는 72보, 내주는 42보이다. 고·휘·밀 세 가지 방법에 따른 넓이는 각각 얼마인가?
今有環田 外周七十二步 內周四十二步 問古徽密三圓積 各若干

답 고적 285보, 휘적 $272\frac{46}{157}$ 보, 밀적 $272\frac{1}{22}$ 보

答曰 古積 二百八十五步
徽積 二百七十二步 一百五十七分步之四十六
密積 二百七十二步 二十二分步之一

풀이 내주와 외주를 서로 빼고 2로 나눈다. 〔15보를 얻는다.〕 이 15보를 세 개 써놓고 각각에 해당하는 지름의 법〔고경법은 1, 휘경법은 50, 밀경법은 7〕을 곱하고 다음에 각각에 해당하는 둘레의 법〔고주법은 3, 휘주법은 157, 밀주법은 22〕으로 나누면 전경을 얻는다. 〔고전경은 5

32) 두 동심원에서 큰 원에서 작은 원을 뺀 고리 모양의 밭을 환전이라 한다. 두 원의 반지름의 차가 환전의 전경이다.

보, 휘전경은 $4\frac{122}{157}$보, 밀전경은 $4\frac{17}{22}$보] 한편 내주와 외주를 합하여 2로 나누어 이것을 각각의 전경에 곱하면 각각에 대한 환전의 넓이가 된다. [이때 휘·밀 전경을 가분수로 고쳐 분자에 각각 내주와 외주를 합하여 2로 나눈 수를 곱하여 각 수를 분모로 나눈 분수로 고치면 된다.]

法曰 內外周相減折半[得十五步] 張三位 各以其徑法[古徑法一 徽徑法五十 密徑法七] 乘之 以其周法[古周法三 徽周法一百五十七 密周法二十二] 除之得田徑 [古田徑五步 徽田徑四步一百五十七分步之一百二十二 密田徑四步二十二分步之十七] 另別二周相倂折半[得五十七] 以乘各其田徑 卽得各積 合問[且徽密田徑 通分納子 各以二周相倂 折半數乘之 各以分母除之卽得]

☞ 역자 주: 위의 풀이는 문제에 내주와 외주만 주어져도, 먼저 전경을 구한 다음 그 넓이를 구한다는 것을 보여준다. 두 원의 반지름을 각각 r_1, $r_2(r_1>r_2)$라 할 때, 다음이 성립한다.

$$2\pi(r_1-r_2) = l_1-l_2$$

$$r_1-r_2=\frac{l_1-l_2}{2\pi}$$

$$=\frac{(\text{외주}-\text{내주})}{2}\times\frac{(\text{지름의법})}{(\text{둘레의법})}$$

☞ 역자 주: 풀이의 마지막 방법은 <구장산술>에 제시된 것과 동일한 것으로, 다음과 같은 식으로 나타낼 수 있다.

$$\frac{(\text{내주}+\text{외주})}{2}\times(\text{전경})$$

이것은 다음의 두 가지 방법으로 설명된다.

1. 직관적으로 다음 그림에서 알 수 있다.

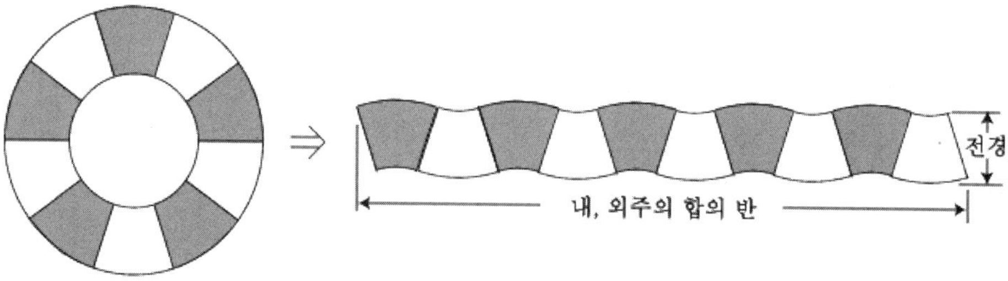

2. 두 원의 넓이 차:

$$\frac{1}{4\pi}(l_1^2-l_2^2)=\frac{\pi}{4}(d_1^2-d_2^2)=\frac{\pi}{4}(d_1-d_2)(d_1+d_2)$$

한편,

$$\begin{aligned}\frac{1}{2}(l_1+l_2)(r_1-r_2) &= \frac{1}{2}(\pi d_1+\pi d_2)\frac{d_1-d_2}{2} \\ &= \frac{\pi}{4}(d_1+d_2)(d_1-d_2)\end{aligned}$$

위의 첫 번째 증명에서 보듯이 이 방법은 환전을 내·외주가 각각 아랫변, 윗변, 전경이 높이인 사다리꼴과 동일시하고 있으며 구분구적 접근으로 타당하다.

【1-3-24】 지금 환전이 있는데, 넓이는 255보이고 전경은 5보이다. 내주와 외주는 각각 얼마인가?
今有環田 積二百五十五步 田徑五步 問二周各若干

답 외주 66보, 내주 36보
答曰 外周六十六步 內周三十六步

풀이 넓이를 4배한다. 〔1020보를 얻는다.〕 또 전경을 2배하여 제곱하고 3배한다. 〔300보를 얻는다.〕 이때, 얻은 두 수를 서로 뺀 720을 실로 한다. 한편 양쪽에 있는 전경〔10보〕을 2배하여 3배하면 60이고 이것을 법으로 하여 앞의 수를 나누면 내부의 원의 지름〔12보〕을 얻고 3배하면 내주이다.
法曰 列積四因〔得一千二十步〕 又列田徑倍之自乘三因〔得三百步〕 二位相減餘七百二十爲實 另列兩邊徑〔十步〕 倍之三因 得六十爲法除實 得池徑〔一

十二步〕 三之爲內周

별해 넓이를 4배하고 전경을 2배하여 제곱하고 다시 3을 곱하여 이 두 수를 서로 합하면 1320이고 이것을 실로 한다. 한편 양쪽 전경의 2배에 3을 곱하면 60을 얻고 이것을 법으로 하여 앞의 수를 나누면 외부의 원의 지름〔22보〕을 얻고 3배하면 외주이다.
一法 列積四因 又田徑倍之自乘三因 二位相併 得一千三百二十爲實 另列兩邊徑倍之三因 得六十爲法 除實得全徑〔二十二步〕 三之爲外周

☞ 역자 주: 본 문제는 원주율로서 고법인 지름의 법 1, 둘레의 법 3을 사용하였다. 일반적으로 조선시대의 산학서에서는 별다른 언급이 없으면 원주율로서 고법을 이용한 것이다.

【1-3-25】 지금 환전이 있는데, 넓이는 255보이고 내주와 외주를 서로 합하면 102보라고 한다. 내주와 외주는 각각 얼마인가?
今有環田 積二百五十五步 只云 內外二周相併得一百二步 問內外周各約干

답 외주 66보, 내주 36보
答曰 外周六十六步 內周三十六步

풀이 넓이를 12배하면 3060을 얻고 이것을 실로 한다. 내주와 외주를 합한 수 102보를 법으로 하여 나누면 내주와 외주의 차인 30보를 얻는다. 여기에 내주와 외주의 합을 더하면 132보를 얻고 그 반인 66보가 외주이다.
法曰 列積十二之得〔三千六十〕爲實 以二周相併數〔一百二步〕 爲法除之 得周較三十步 加入於相併數 共得一百三十二步 半之得外周

별해 넓이를 실로 하고 내주와 외주의 합의 반인 51보를 법으로 하여 나누면 전경인 5보를 얻는다. 이것을 2배하여 3을 곱하면 내주와 외주의 차인 30보를 얻고 내주와 외주의 합에서 이 30보를 뺀 후 2로 나누면 내주를 얻는다.

一法 列積爲實 以二周相併數折半 得五十一步 爲法除之 得田徑五步 倍之三因 得二周相差三十步 以減相併數餘〔七十二步〕 半之得內周

【1-3-26】 지금 환전이 있는데, 넓이는 255보이고 내주와 외주의 차는 30보라고 한다. 내주와 외주는 각각 얼마인가?
今有環田 積二百五十五步 只云 內外二周相減得三十步 問內外周各約干

답 외주 66보, 내주 36보
答曰 外周六十六步 內周三十六步

풀이 넓이를 12배하면 3060을 얻고 여기에서 내주와 외주의 차를 제곱한 수〔900〕를 빼면 나머지가 2160이고 이것을 실로 한다. 다음 내주와 외주의 차를 2배하여〔60〕 이것을 법으로 하여 나누면 내주가 된다.
法曰 列積十二之得〔三千六十〕 內減差自乘數〔九百〕 餘二千一百六十爲實 以差倍之〔得六十步〕 爲法 除之得內周

별해 내주와 외주의 차를 2로 나누면 15보이고 다시 3으로 나누면 전경 5보를 얻는다. 이것을 실로 하여 넓이를 나누면 내주와 외주를 합한 수의 반인 51보를 얻는다. 이것을 2배하면 내주와 외주의 합이고 여기에 내주와 외주의 차를 더하여 2로 나누면 외주이다.
一法 列差折半 得十五步 又三歸得田徑五步爲法 列積以法而一 得二周相併折半數五十一步 倍之加差折半得外周

【1-3-27】 지금 밀환전이 있는데, 넓이는 192보 반이고 전경은 3보 반이라고 한다. 내주와 외주는 각각 얼마인가?
今有密環田 積一百九十二步半 只云 田徑三步半 問內外周各若干

답 외주 66보, 내주 44보
答曰 外周六十六步 內周四十四步

풀이 넓이에 28을 곱한다. 〔5390을 얻는다.〕 또 전경을 2배하여 제곱하고 〔49를 얻는다.〕 여기에 둘레의 법 22를 곱한 다음 〔1078을 얻는다.〕 큰 수에서 작은 수를 빼면 나머지가 4312이고 이것을 실로 한다. 또 양쪽의 전경〔7보〕을 2배하고 여기에 둘레의 법 22를 곱하여 〔308을 얻는다.〕 이것을 법으로 하여 나누면 내부에 있는 원의 지름이다. 〔둘레의 법을 곱하고 지름의 법으로 나눈다.〕 바로 내주를 얻는다.
法曰　列積以二十八乘之得〔五千三百九十〕　又列田徑倍之自乘〔得四十九〕　又周法〔二十二〕乘之〔得一千七十八〕以少減多　餘四千三百十二爲實　列兩邊田徑〔七步〕倍之　又以周法乘之〔得三百八〕　爲法除之　得池徑〔以周法乘之 以徑法除之〕得內周

【1-3-28】 지금 밀환전이 있는데, 넓이는 $272\frac{1}{22}$ 보이고 내주와 외주의 합은 114보라고 한다. 내주와 외주는 각각 얼마인가?
今有密環田　積二百七十二步二十二分步之一　只云　內外二周相倂　得一百一十四步　問內外周各若干

답 외주 72보,　내주 42보
答曰 外周七十二步 內周四十二步

풀이 넓이를 가분수로 고쳐서 분자〔5985를 얻는다.〕를 실로 하고 내주와 외주의 합의 반〔57을 얻는다.〕을 법으로 하여 나눈다. 〔105를 얻는다.〕 또 분모 22로 이 수 105를 나누면 전경〔$4\frac{17}{22}$보〕을 얻는다. 이 전경을 가분수로 고쳐 분자를 2배하여〔210을 얻는다.〕 지름의 법인 7로 나누면 내주와 외주의 차〔30〕를 얻고 이것을 내주와 외주의 합에 더하여 2로 나누면 외주를 얻는다. 이 외주에서 앞에 구한 차를 빼면 내주를 얻는다.
法曰　列積通分納子〔得五千九百八十五〕　爲實以和折半〔得五十七〕　爲法除之〔得一百五〕　又以分母〔二十二〕除之　得田徑〔四步二十二分步之十七〕乃

通分納子 倍之得〔二百一十〕 以徑法〔七〕 除之 得二周相差〔三十〕 加和折半 得外周內減差 卽內周

【1-3-29】 지금 밀환전이 있는데, 넓이는 $272\frac{1}{22}$ 보이고 내주와 외주의 차는 30보라고 한다. 내주와 외주는 각각 얼마인가?
今有密環田 積二百七十二步二十二分步之一 只云 內外周相減得三十步 問內外周各若干

답 외주 72보, 내주 42보
答曰 外周七十二步 內周四十二步

풀이 넓이를 가분수로 고쳐서 분자를 실로 한다. 또 내주와 외주의 차를 2로 나누고〔15보〕 여기에 지름의 법인 7을 곱하고 둘레의 법인 22로 나누면 전경을 얻는다〔$4\frac{17}{22}$ 보〕. 이 전경을 가분수로 고쳐서 그 분자〔105〕를 법으로 하여 나누면 내주와 외주를 합하여 2로 나눈 수〔57보〕를 얻는다. 이 수를 2배하여 내주와 외주의 차를 더하여 2로 나누면 외주를 얻고 외주에서 앞서 구한 차를 빼면 내주가 된다. 〔휘법도 역시 같다.〕
法曰 列積通分納子爲實 又列差折半〔得一十五〕 以徑法七乘之 以周法〔二十二〕除之 得田徑〔四步二十二分步之十七〕 通分納子〔得一百五〕 爲法除之 得二周相併折半數〔五十七步〕 倍之加差折半 得外周內減差 卽內周〔徽法亦同〕

4 절변호차문 16문제(折變互差門 十六問)

'절변호차문'은 <구장산술>의 '쇠분'에 해당하는 비례배분의 문제들을 담고 있다.

【1-4-1】 지금 능비단[33] 3필은 라비단 4필과 값이 같다. 다만 능비단 한 필의 값은 4냥이고 라비단이 72필 있다고 한다. 이 비단의 값은 얼마인가?
今有綾三匹折羅四匹 只有綾匹價四兩 今却有羅七十二匹 問直銀若干

답 216냥
答曰 二百一十六兩

풀이 능비단 한 필의 값 4냥에 능비단 3필을 곱하면 12냥을 얻고 여기에 라비단의 총 필수를 곱하여 실로 한다. 라비단 4필로 이것을 나누면 된다.
法曰 置綾匹價四兩 以綾三匹乘之 得一十二兩 以乘總羅爲實 以羅四匹除之 合問

☞ 역자 주: 라비단 1필의 값을 x냥이라 하면 다음 식이 성립한다.

$4(\text{필}) \times x(\text{냥}) = 3(\text{필}) \times 4(\text{냥})$

따라서 라비단 1필의 값은 $x = \frac{3 \times 4}{4}$(냥)이다. 그런데 모두 72필이 있으므로 그 값은 $\frac{3 \times 4 \times 72}{4}$로 구할 수 있고 이 식이 풀이에 해당한다.

【1-4-2】 지금 돈이 787냥 5전 있다. 양과 돼지를 사는데 그 마리수의 비는 1 : 2이다. 양 한 마리의 값이 1냥 5전이고, 돼지 한 마리의 값이 2냥 4전이면 각각 얼마인가?
今有銀七百八十七兩五錢 買羊猪議要 一分羊二分猪 羊隻價一兩五錢 猪隻

33) 능비단은 무늬비단, 라비단은 얇은 비단, 견비단(문제 1-4-3)은 명주를 뜻한다.

價二兩四錢 問各若干

답 돼지 250마리　　값 600냥
　　양 125마리　　값 187냥 5전
答曰 猪二百五十口　　價六百兩
　　羊一百二十五口　價一百八十七兩五錢

풀이 갖고 있는 돈을 실로 하고 돼지 값을 2배하여 양 값에 합하면 6냥 3전이다. 이것을 법으로 하여 나누면 양의 마리 수를 얻고 이것을 2배하면 돼지의 마리 수를 얻으며 여기에 각각의 한 마리 값을 곱하면 된다.
法曰 置銀爲實 倍猪價倂羊價 得六兩三錢 爲法除之 得羊數 倍之得猪數 各以其價乘之 合問

☞ 역자 주: 풀이 과정은 다음과 같다.
1. 양 : 돼지=1 : 2이므로 [양 1마리, 돼지 2마리]를 사는 것을 최소 단위로 하여 그 때의 값 $1.5+2.4\times2=6.3$(냥)을 구한다.
2. 총 금액 $787.5\div6.3=125$이므로 787.5냥으로 6.3냥 짜리 [양 1, 돼지 2]를 125세트 산 셈이다. 따라서 양은 125마리이다.
3. 양 125마리를 2배하여 돼지의 마리 수 250을 얻는다.
4. 값을 구하기 위해 125×1.5와 250×2.4를 계산한다.

【1-4-3】 지금 돈이 1500냥 있다. 능비단, 라비단, 견을 사는데 능, 라, 견의 비는 1 : 2 : 3이다. 또 능 한 필의 값은 3냥 6전이고 라 한 필의 값은 2냥 4전이며 견 한 필의 값은 1냥 2전이다. 세 가지 옷감의 양과 값은 각각 얼마인가?
今有銀一千五百兩 買綾羅絹須要綾一羅二絹三 其綾匹價三兩六錢 羅匹價二兩四錢 絹匹價一兩二錢 問三色各若干

답 능 125필　　값 450냥
　　라 250필　　값 600냥
　　견 375필　　값 450냥

答曰 綾一百二十五匹　價四百五十兩
　　 羅二百五十匹　　價六百兩
　　 絹三百七十五匹　價四百五十兩

풀이 가진 돈을 실로 하고 라비단 한 필 값의 2배와 견 한 필 값의 3배와 능비단 한 필 값을 모두 합하여〔12냥〕 이것을 법으로 하여 나누면 능비단의 수를 얻고 이것을 2배하면 라비단의 수, 또 3배하면 견의 수를 얻는다.
法曰 置銀爲實 二之羅價 三之絹價 併入綾價得〔十二兩〕 爲法除之 得綾數 倍之得羅數 三之得絹數 合問

☞ 역자 주: 문제 1-4-2와 같은 방법으로, [능비단 1, 라비단 2, 견 3]을 최소 단위로 생각하여 그 때의 값 12냥을 구한 다음 총액수 1500을 12로 나누어 125세트 살 수 있음을 파악하여 해결한 것이다.

【1-4-4】 지금 쌀 1750섬이 있고 1섬 값은 1냥 3전이다. 이 쌀을 빌린 배에 싣고자 할 때, 한 섬을 배에 싣는 운임이 1전이다. 이때 돈이 없어 있는 쌀에서 쌀로 운임을 준다면 운임으로 나간 쌀과 남은 쌀은 각각 얼마인가?
今有米一千七百五十石 每石價銀一兩三錢 雇舡裝載 每石脚價一錢 因無存銀於米内扣出折還 問主脚米各若干

답 남은 쌀 1625섬
　　 운임 쌀 125섬
答曰 主米一千六百二十五石
　　 脚米一百二十五石

풀이 쌀의 양에 한 섬 값을 곱하여 실로 한다. 또 한 섬 값과 한 섬의 운임 값을 합하여〔1냥 4전〕 이것을 법으로 하여 나누면 남는 쌀이 되고 이것을 전체 쌀에서 빼면 운임의 쌀이 된다.
法曰 置米以每石價乘之爲實 却以石價併入脚價共〔一兩四錢〕 爲法除之 得

主米 以減於總米 得脚米 合問

☞ 역자 주: 남은 쌀을 x라 하면 $1.3x$의 가치가 있고 그것을 싣는 데 $0.1x$의 값이 필요하다. 그 합이 원래의 가치 1750×1.3과 같아야 하므로 다음 식이 성립한다.

$$1.4x=1750\times1.3$$

$$x=\frac{1750\times1.3}{1.4}$$

이것이 풀이의 과정이다.

또는 x를 싣는데 필요한 금액 $0.1x$는 운임으로 쓴 금액 $(1750-x)\times1.3$과 같으므로, 다음과 같은 일차방정식을 세워 풀 수도 있다

$$0.1x=(1750-x)\times1.3$$

【1-4-5】 지금 순금 35냥 2전이 있다. 여기에 은을 섞어서 순도 80퍼센트의 금을 만들고자 한다. 은은 얼마 넣어야 하는가?
今有足色金三十五兩二錢 欲爲八色金 問入銀若干

답 8냥 8전
答曰 八兩八錢

풀이 금의 양을 80퍼센트로 나누면 44냥을 얻고 여기에서 금의 총량을 빼면 된다.
法曰 置金以八色除之 得四十四兩 內減總金 合問

☞ 역자 주: 은 x냥을 합하여 얻은 80%의 금 $(35.2+x)$냥에 들어있는 금의 양은 순금이었을 때의 35.2냥 그대로이므로, 다음을 얻는다.

$$(35.2+x)\times\frac{80}{100}=35.2$$

$$x=35.2\div\frac{80}{100}-35.2$$

위의 식이 풀이 과정과 일치한다.

【1-4-6】 지금 순금 4냥, 90퍼센트 금 5냥, 80퍼센트 금 6냥, 70

퍼센트 금 7냥, 60퍼센트 금 6냥, 50 퍼센트 금 2냥이 있다. 이들을 모두 합하여 같이 다시 제련하면 몇 퍼센트의 금을 얻는가?
今有足色金四兩 九色金五兩 八色六兩 七色七兩 六色六兩 五色二兩 併而同鍊 問成色若干

답 76퍼센트의 금
答曰 七六色

풀이 90퍼센트 금 5냥을 9배, 80퍼센트 금은 8배, 70 퍼센트 금은 7배, 60퍼센트 금은 6배, 50퍼센트 금은 5배하여 모두 순금과 합하면 22냥 8전이고 이것을 실로 한다. 또 모든 퍼센트의 금을 모두 합하면 30냥이다. 이것을 법으로 하여 나누면 된다.
法曰 置九色金五兩九因 八色八因 七色七因 六色六因 五色五因 併入足色金共得二十二兩八錢 爲實 又併各色金共得三十兩 爲法除之 合問

☞ 역자 주: 풀이에서 22.8냥은 사실 9, 8, 7, 6, 5배가 아니라 0.9, 0.8, 0.7, 0.6, 0.5배로 계산하여 합한 것이다.

x%의 금을 얻는다면, 금의 함량은 변하지 않으므로 다음과 같은 방정식을 세워 풀 수 있다.

$$4+5\times\frac{90}{100}+6\times\frac{80}{100}+7\times\frac{70}{100}+6\times\frac{60}{100}+2\times\frac{50}{100}=(4+5+6+7+6+2)\times\frac{x}{100}$$

$$x=\frac{2280}{30}=76$$

【1-4-7】 지금 돈 90냥으로 80퍼센트 금 6냥과 70퍼센트 금 6냥을 샀다. 이 두 가지 금 한 냥의 값은 각각 얼마인가?
今有銀九十兩 換八色金六兩 七色金六兩 問二色金每兩 直銀若干

답 80퍼센트 금 한 냥에 8냥
70퍼센트 금 한 냥에 7냥
答曰 八色直八兩
七色直七兩

풀이 갖고 있는 돈을 실로 하고 6냥에 80퍼센트를 곱하면 4냥 8전을 얻고 70퍼센트를 곱하면 4냥 2전을 얻는다. 이 두 수를 합하면 9냥이고 이것을 법으로 하여 나누면 10냥[이것은 순금 1냥의 값이다.]이다. 여기에 각각 80퍼센트, 70퍼센트를 곱하면 각 합금의 한 냥 값을 구한다.

法曰 置銀爲實 列六兩以八色乘之得[四兩八錢] 以七色乘之得[四兩二錢] 二位併之共得九兩 爲法除實 得一十兩[此足色金一兩之直] 以各色金[八色七色] 乘之 得每兩直 合問

☞ 역자 주: 풀이의 과정은 다음과 같다.

1. 80%와 70%에 들어있는 금의 양을 각각 구한다.

$$6\times\frac{80}{100}=4.8 \qquad 6\times\frac{70}{100}=4.2$$

2. 두 양을 더하여 9를 얻는다.
3. 결국 90냥으로 금 9냥을 산 셈이므로 순금 1냥의 값은 $90\div9=10$(냥)이다.
4. 순금 1냥 값에 80, 70%를 각각 곱하여 각 합금 1냥 값을 구한다.

$$10\times\frac{80}{100}=8(\text{냥}) \qquad 10\times\frac{70}{100}=7(\text{냥})$$

또는 다음과 같은 방법으로 생각할 수도 있다.
각 합금에 들어있는 금의 양을 구하면 단계 1에서와 같이 4.8냥과 4.2냥이므로 그 비는 8:7이다. 90냥을 8:7로 비례배분하면 각각의 금을 사는 데 든 비용을 구할 수 있다. 즉 $90\times\frac{8}{15}=48$, $90\times\frac{7}{15}=42$를 구한다. 따라서 각 합금의 한 냥 값은 각각 $\frac{48}{6}=8$, $\frac{42}{6}=7$이다.

【1-4-8】 지금 견이 5400필 있는데, 말을 빌려서 운반하려고 한다. 다만 좋은 말 3필은 500필을 싣고 둔한 말 6필은 400필을 싣고, 좋은 말과 둔한 말의 비는 둔한 말이 좋은 말의 2배라고 한다. 둔한 말과 좋은 말은 각각 얼마큼 필요한가?

今有絹五千四百匹 欲雇馬運之 只云 良馬三匹 載五百匹 駑馬六匹 載四百匹 駑倍於良 問良駑各若干

답 좋은 말 18필, 둔한 말 36필
答曰 良馬一十八匹 駑馬三十六匹

풀이 좋은 말 3필에 400을 곱하여 2배하여 2400을 얻는다. 별도로 둔한 말 6필에 500을 곱하여 3000을 얻는다. 이 두 수를 서로 합하여〔5400〕 이것을 법으로 한다. 다시 좋은 말 3필, 둔한 말 6필을 곱하면 18을 얻고 여기에 견의 총수를 곱하여 실로 한 다음 법으로 나누면 좋은 말의 수를 얻는다. 좋은 말의 수의 2배가 둔한 말의 수이다.
法曰 置良馬三匹 以四百乘而倍之 得二千四百 另置駑馬六匹 以五百乘之 得三千 乃二數相倂得〔五千四百〕 爲法 却以良三駑六相乘得十八 以乘總絹爲實 以法除之 得良馬 倍之卽駑馬 合問

☞ 역자 주: 좋은 말 : 둔한 말 = 1 : 2 = 3 : 6이고 문제의 조건에서 좋은 말 3마리와 둔한 말 6마리가 함께 나를 수 있는 견은 900필이므로 전체량 5400을 900으로 나눈 결과인 6은 [3마리, 6마리] 세트가 6개 있어야 함을 말한다. 따라서 각각 18마리와 36마리이다.

☞ 역자 주: 좋은 말의 수를 x라 하면 둔한 말은 $2x$이고, 좋은 말 1필이 신는 양은 $\frac{500}{3}$필이고, 둔한 말 1필이 신는 양은 $\frac{400}{6}$필이므로 다음 방정식을 세워 풀 수 있다.

$$\frac{500}{3}x + \frac{400}{6} \cdot 2x = 5400$$

$$6 \times 500x + 3 \times 400 \times 2x = 3 \times 6 \times 5400$$

$$x = \frac{3 \times 6 \times 5400}{3 \times 400 \times 2 + 6 \times 500}$$

이것이 풀이 과정에 해당한다.

【1-4-9】 지금 견 251640자를 마군과 보군에게 나누어주고자 한다. 다만 마군 6명에게는 184자를 나누어주고 보군 7명에게는 96자를 나누어준다고 한다. 각각 몇 명에 얼마씩 나누어주는가?
今有絹二十五萬一千六百四十尺 分給馬步軍 只云 馬軍六人 給一百八十四

尺 步軍七人 給九十六尺 問各若干

답 마 · 보군 각각 5670명
마군 견 173880자
보군 견 77760자

答曰 馬步軍 各五千六百七十人
馬絹十七萬三千八百八十尺
步絹七萬七千七百六十尺

풀이 마군 6명에 보군 7명이 받는 견을 곱하면 576자를 얻고 또 보군 7명에 마군 6명이 받는 견을 곱하면 1288자이다. 이 두 수를 합하면 1864이다. 이것을 법으로 한다. 다시 6과 7을 곱하면 42이고 여기에 모든 견의 수를 곱하면 10568880자이다. 이것을 실로 하고 법으로 나누면 군인 수를 얻는다. 여기에 184를 곱하고 6으로 나누면 마군의 견 수이고 96을 곱하여 7로 나누면 보군의 견 수이다.

法曰 置馬軍六人 以步絹乘之 得五百七十六尺 又列步軍七人 以馬絹乘之 得一千二百八十八尺 二位併得一千八百六十四 爲法 却以六七相乘得四十二 以乘總絹 得一千五十六萬八千八百八十尺爲實 以法除之 得軍數 乃以一百八十四尺 乘之六歸 得馬絹 又以九十六尺 乘之七歸 得步絹 合問

☞ 역자 주: 이 문제를 오늘날의 방법으로 생각하여 보자. 마군의 수를 x명, 보군의 수를 y명이라 하면 문제의 조건에서 다음이 성립한다.

$$\frac{184}{6}x+\frac{96}{7}y=251640,\ \text{즉}\ 1288x+576y=10568880$$

이때 x와 y는 사람의 수이므로 자연수이다. 따라서 이 방정식은 정수론에서 말하는 디오판토스 방정식(Diophantine equation), 즉 부정방정식(不定方程式)이다. 중국 수학에서 부정방정식은 <구장산술>의 '방정'에서 미지수가 6개이고 조건이 5개인 문제가 있기는 하지만 해를 일의적으로 결정하고 있어 그보다는 5세기 <장구건산경>의 백계문(百雞問)을 기원으로 보고 있다. 백계문은 다음 문제를 말한다.

수탉 한 마리가 5전, 암탉 한 마리가 3전, 병아리 3마리가 1전이다. 100마리를 10전에 샀다면 각각 몇 마리인가?

이 문제의 답으로 (4, 18, 78), (8, 11, 81), (12, 4, 84)의 자연수 범위의 모든 해

를 제시하고 있으며, 다만 그 해법에 대해서는 19세기에 이르기까지 제대로 밝혀내지 못한 것으로 알려진다.

위의 부정방정식을 만족하는 해는 무수히 많이 존재하며, 이 문제에서 x와 y를 양의 정수로 제한하여도 해는 유일하게 결정되지 않을 수도 있다. 지금 저자는 $x=y=5670$ 이라는 해를 구하였으나 우리가 간단한 방법으로 검증하여 보면 다음과 같은 해도 있음을 알 수 있다.

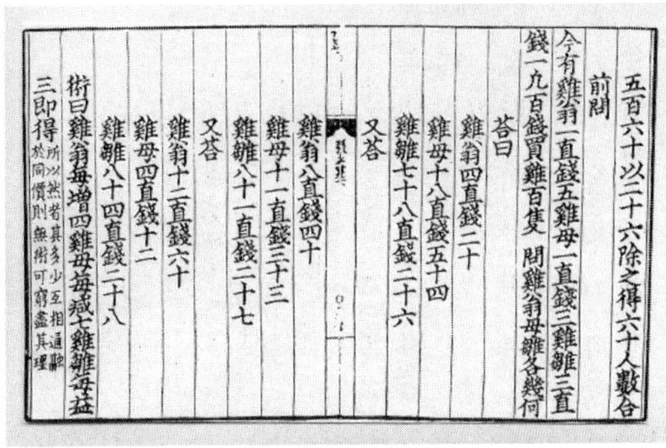

五百六十以二十六除之得六十人數合
前問
今有雞翁一直錢五雞母一直錢三雞雛三直
錢一凡百錢買雞百隻 問雞翁母雛各幾何
荅曰
雞翁四直錢二十
雞母十八直錢五十四
雞雛七十八直錢二十六
又荅
雞翁八直錢四十
雞母十一直錢三十三
雞雛八十一直錢二十七
又荅
雞翁十二直錢六十
雞母四直錢十二
雞雛八十四直錢二十八
術曰雞翁每增四雞母每減七雞雛每益
三即得 所以然者其多少互相通融於同價則無術可窮盡其理

<장구건산경>의 백계문

마군 7974명 보군 518명,	마군 7398명 보군 1806명,
마군 6822명 보군 3094명,	마군 6246명 보군 4382명,
마군 5670명 보군 5670명,	마군 5094명 보군 6958명,
마군 4518명 보군 8246명,	마군 3942명 보군 9534명,
마군 3366명 보군 10822명,	마군 2790명 보군 12110명,
마군 2214명 보군 13398명,	마군 1638명 보군 14686명,
마군 1062명 보군 15974명,	마군 486명 보군 17262명

이상과 같이 14가지 경우가 있다. 그러나 더욱 엄밀히 따지면 모두 114가지 경우의 해가 있다.

☞ 역자 주: 만약 x와 y가 같다는 조건이 있다면 앞의 방정식은 다음과 같이 된다.

$$x=y=\frac{10568880}{1288+576}=\frac{10568880}{1864}$$

이것이 저자의 방법과 일치하므로, 본 문제는 저자가 "마군의 수와 보군의 수는 같다"는 조건을 빠뜨린 것으로 생각할 수 있다.

☞ 역자 주: 부정방정식은 2개 이상의 미지수가 있는 방정식을 의미하며, 해를 가질 때 다음과 같이 세 경우의 해를 생각할 수 있다.

i) 무수히 많은 해가 있는 경우
ii) 유한 개의 해(유일해 포함)를 필요로 하는 경우
iii) 구하는 해가 없는 경우

일반적으로 $ax+by=c$의 해를 자연수의 범위에서 다음과 같이 구한다. 단, $d=$

(a, b)는 c를 나눈다.
1. 특수해 (x_0, y_0)를 하나 구한다.
2. 일반해의 형식을 구한다.(k는 정수)

$$x = x_0 + bk$$
$$y = y_0 - ak$$

3. $x_0 + bk > 0$, $y_0 - ak > 0$를 풀어 k값의 범위를 정한다.
4. 가능한 k값을 나열하여 해 (x, y)를 정한다.

예를 들어 $4x + 3y = 31$의 해를 구하여 보자.
1. 특수해를 구한다.
   $(4, 3) = 1$이므로 $4a + 3b = 1$인 (a, b)는 $(1, -1)$이다.
   이것을 31배하여 얻은 $(31, -31)$은 하나의 특수한 해이다.
2. 특수해로부터 일반해의 형식은 다음과 같다.

$$x = 31 - 3k$$
$$y = -31 + 4k \quad (k\text{는 정수})$$

3. $31 - 3k > 0$
   $-31 + 4k > 0$에서 $\frac{31}{4} < k < \frac{31}{3}$이므로 $k = 8.\ 9.\ 10$이다.
4. $k = 8$ 일 때, 해 $(7, 1)$
   $k = 9$ 일 때, 해 $(4, 5)$
   $k = 10$ 일 때, 해 $(1, 9)$

【1-4-10】 지금 병사가 6948명 있다. 군복을 만드는 견을 지급하는데, 3명마다 상의를 만드는 삼견을 70자씩, 4명마다 하의를 만드는 군견을 50자씩 지급한다. 이때 견의 총수 및 삼견과 군견의 총수는 각각 얼마인가?

今有兵士六千九百四十八人 欲給衣絹 每三人支衫絹七十尺 每四人給裙絹五十尺 問總絹及各若干

답 견의 총수 248970자
삼견 162120자
군견 86850자

答曰 共絹二十四萬八千九百七十尺

衫絹一十六萬二千一百二十尺
裙絹八萬六千八百五十尺

풀이 3명에 50자를 곱하고 4명에 70자를 곱하여 두 수를 합한다.〔430〕 여기에 총 병사의 수를 곱하여 실로 한다. 또 3과 4를 서로 곱하여 12를 얻어 이것을 법으로 하여 나누면 견의 총수를 얻는다. 별도로 병사의 총수를 70배하고 3으로 나누면 삼견, 50배하고 4로 나누면 군견을 얻는다.
法曰 以三人互乘五十尺 四人互乘七十尺 二數倂得〔四百三十〕 以乘總兵爲實 却以三四相乘得一十二爲法 除之得總絹 另置兵士七因三歸[34]得衫 五因四歸得裙 合問

☞ 역자 주: 1인 당 삼견 $\frac{70}{3}$, 군견 $\frac{50}{4}$자가 필요하므로 총수를 구하는 식은 다음과 같다.

$$\left(\frac{70}{3}+\frac{50}{4}\right)\times 6948$$

이 식을 푸는 과정에서 다음이 얻어지는데, 바로 위의 풀이법에 해당하는 식이다.

$$\frac{(3\times 50+4\times 70)\times 6948}{3\times 4}$$

【1-4-11】 지금 군량미가 40431섬 4말 있는데, 이것을 군인들에게 나누어주려고 한다. 다만 마군 6명에게 53말을 주고, 수군 7명에게 54말을 주고, 보군 9명에게 55말을 주는 비율로 나누어준다고 한다. 그런데 마군, 수군, 보군의 비는 1 : 2 : 3이다. 이와 같이 나누어주면 착오가 없을 때 각 군의 병사는 몇 명인가?
今有粮四萬四百三十一石四斗 分給軍人 只云 馬軍六人 給五十三斗 水軍七人 給五十四斗 步軍九人 給五十五斗 須要 一分馬 二分水 三分步 問各若

34) 칠인삼귀(七因三歸)와 오인사귀(五因四歸)는 각각 칠십인삼귀(七十因三歸)와 오십인사귀(五十因四歸)로 고쳐야한다. 십이라는 수가 빠져있다.

干

답 마군 9492명
수군 18984명
보군 28476명
答曰 馬軍 九千四百九十二人
水軍 一萬八千九百八十四人
步軍 二萬八千四百七十六人

풀이 53말에 7명과 9명을 계속 곱하면 3339이고, 또 54말에 6명과 9명을 계속 곱하고 2배하면 5832이고, 또 55말에 6명과 7명을 계속 곱하고 3배하면 6930이다. 이 세 수를 합하면 16101이 되어 이것을 법으로 한다. 이번에는 6, 7, 9를 모두 곱하여 378을 얻으면 여기에 군량미 총수를 곱하여 실로 하여 법으로 나눈다. 이때 얻는 수가 마군의 수이고 마군의 수를 2배하면 수군의 수, 3배하면 보군의 수이다.
法曰 置五十三斗 以七人九人乘之 得三千三百三十九 又列五十四斗 以六人九人乘而倍之 得五千八百三十二 又列五十五斗 以六人七人乘而三之 得六千九百三十 倂三位 得一萬六千一百一爲法 却以六七九相乘得三百七十八以乘總粮爲實 以法除之得馬軍 倍之爲水軍 三之爲步軍 合問

☞ 역자 주: 마군, 수군, 보군 각각 1명의 배급량은 $\frac{53}{6}$, $\frac{54}{7}$, $\frac{55}{9}$이므로, 세 군의 수를 각각 t, $2t$, $3t$라 하면 다음의 방정식이 성립한다.

$$\frac{53}{6}t+\frac{54}{7}\times 2t+\frac{55}{9}\times 3t=40431.4$$

$$\frac{53\times 7\times 9+54\times 2\times 6\times 9+55\times 3\times 6\times 7}{6\times 7\times 9}t=40431.4$$

$$t=\frac{6\times 7\times 9\times 40431.4}{53\times 7\times 9+54\times 6\times 9\times 2+55\times 6\times 7\times 3}$$

이 식이 풀이 과정에 해당한다.

【1-4-12】 빌려간 돈 91000냥을 이제 갚으려 한다. 그러나 돈이 없어 능비단과 라비단으로 7 : 8의 비율로 갚으려 한다. 이때, 능비단 7필

의 값은 54냥이고 라비단 9필의 값은 53냥이다. 각각 얼마씩 갚으면 되는가?
今有曾貸銀九萬一千兩 今將欲還而無銀兩 乃還七分綾八分羅 其綾七匹價五十四兩 羅九匹價五十三兩 問各若干

답 능비단 6300필 값 48600냥
라비단 7200필 값 42400냥
答曰 綾六千三百匹 價四萬八千六百兩
羅七千二百匹 價四萬二千四百兩

풀이 54냥에 9필을 곱하고 또 7배한다. 〔3402를 얻는다.〕 또 53냥에 7필을 곱하고 다시 8배한다. 〔2968을 얻는다.〕 이 두 수를 합하면 6370을 얻고 이 수를 법으로 한다. 한편, 7필과 9필을 곱하여 얻은 63에 빌린 돈 총액을 곱하여 실로 한다. 실을 법으로 나누면 900필을 얻고 7배하면 능비단, 8배하면 라비단의 양이고 이 각각의 양에 그 값을 곱하고 필의 비율로 나누면 된다.
法曰 置五十四兩 以九匹乘之 又七分因之〔得三千四百二〕 又列五十三兩 以七匹乘之 又八分因之〔得二千九百六十八〕 二位併得六千三百七十爲法 另以七匹九匹相乘 得六十三 以乘總銀爲實 以法除之 得九百匹 七因得綾 八因得羅 各以其價乘之 匹率除之 合問

☞ 역자 주: 능비단과 라비단 한 필의 값이 각각 $\frac{54}{7}$냥과 $\frac{53}{9}$냥이므로, 두 비단을 $7t$, $8t$ 갚는다고 하면, 다음 식을 얻는다.

$$7t\times\frac{54}{7}+8t\times\frac{53}{9}=91000$$

$$\frac{7\times54\times9+8\times53\times7}{7\times9}t=91000$$

$$t=\frac{7\times9\times91000}{54\times9\times7+53\times7\times8}$$

풀이 과정과 일치한다. 계산하면 $t=900$이므로, 능비단과 라비단은 각각 $7\times900=6300$(필)과 $8\times900=7200$(필)이다. 이에 각각의 한 필 값을 곱하면 값을 얻는다.

【1-4-13】 지금 돈 330냥이 있다. 말, 소, 양 세 가지의 비율이 4 : 5 : 6이 되도록 사고자 한다. 이때 말 6마리의 값이 20냥, 소 9마리의 값이 24냥, 양 15마리의 값이 25냥이면 세 가지 가축은 각각 몇 마리이며 값은 얼마인가?
今有銀三百三十兩 買馬牛羊三色 議要四分馬 五分牛 六分羊 其馬六匹價二十兩 牛九頭價二十四兩 羊十五隻價二十五兩 問三色價各若干

답 말 36마리　값 120냥
소 45마리　값 120냥
양 54마리　값 90냥
答曰 馬三十六匹　價一百二十兩
牛四十五頭　價一百二十兩
羊五十四隻　價九十兩

풀이 20냥에 9마리와 15마리를 곱하고 다시 4배하면 10800이고, 또 24냥에 6마리와 15마리를 곱하여 다시 5배하면 10800을 얻고, 다시 25냥에 6마리와 9마리를 곱하여 6배하면 8100을 얻는다. 이 세 수를 합하면 29700이 되어 이것을 법으로 한다. 한편 6, 9, 15를 모두 곱하여 810을 얻으면 여기에 가진 돈을 다시 곱하여 이 수를 실로 하여 법으로 나눈다. 이때 얻는 수 9〔이 수는 세 가지 가축의 비에서 1에 해당하는 수이다.〕를 4배하면 말의 마리 수, 5배하면 소의 마리 수, 6배하면 양의 마리 수이고 문제에 있는 값을 곱하고 마리 수로 나누면 각각의 값을 구할 수 있다.
法曰 置二十兩 以九頭十五隻乘之四因 得一萬八百 又列二十四兩 以六匹十五隻乘之五因 得一萬八百 又列二十五兩 以六匹九頭乘之六因 得八千一百 併三位 得二萬九千七百爲法 另以六九十五相乘 得八百一十 以乘總銀爲實 以法除之 得九〔此一分也〕 四因得馬 五因得牛 六因得羊 各以本價乘之 隻數除之 合問

☞ 역자 주: 말, 소, 양 한 마리의 값은 각각 $\frac{20}{6}$, $\frac{24}{9}$, $\frac{25}{15}$냥이므로 각각 $4t$, $5t$, $6t$마리 산다고 하면 다음 식이 성립한다.

$$\frac{20}{6}\times 4t+\frac{24}{9}\times 5t+\frac{25}{15}\times 6t=330$$

$$\frac{20\cdot 4\cdot 9\cdot 15+24\cdot 5\cdot 6\cdot 15+25\cdot 6\cdot 6\cdot 9}{6\cdot 9\cdot 15}t=330$$

$$t=\frac{6\cdot 9\cdot 15\cdot 330}{20\cdot 9\cdot 15\cdot 4+24\cdot 6\cdot 15\cdot 5+25\cdot 6\cdot 9\cdot 6}$$

이것이 풀이 과정에 해당하는 식이다.

【1-4-14】 지금 돈 72냥을 갑, 을, 병, 정, 무 다섯 명에게 나누어준다. 다만 갑은 을보다 8냥, 을은 병보다 6냥, 병은 정보다 5냥, 정은 무보다 3냥 많이 갖는다고 한다. 각각 얼마씩 가지겠는가?
今有銀七十二兩 令五人分之 只云 甲多乙八兩 乙多丙六兩 丙多丁五兩 丁多戊三兩 問各若干

답 갑 27냥, 을 19냥, 병 13냥, 정 8냥, 무 5냥
答曰 甲二十七兩　乙一十九兩
丙一十三兩　丁八兩
戊五兩

풀이 정이 무보다 많은 액수를 4배하면 12냥이고, 병이 정보다 많은 액수를 3배하면 15냥이고, 을이 병보다 많은 액수를 2배하면 12냥이고, 갑이 을보다 많은 액수를 1배하면 8냥이다. 이 네 수를 합하면 47냥이고 가진 돈에서 이 돈을 빼면 25냥이 되어 이것을 실로 하여 5로 나누면 무가 가진 돈이 되고 나머지는 차례로 구하면 된다.
法曰 置丁多戊四因 得十二 丙多丁三因 得十五 乙多丙二因 得十二 甲多乙一之 得八 四併之共得四十七兩 以減於總銀 餘二十五兩爲實 以五歸之 得戊銀 次次加差 合問

별해 갑이 을보다 많은 액수를 4배하면 32냥이고, 을이 병보다 많은 액수를 3배하면 18냥이고, 병이 정보다 많은 액수를 2배하면 10냥이고 정이 무보다 많은 액수를 1배하면 3냥이다. 이 네 수를 모두 합하면 63냥이고 가진 돈과 다시 합하면 135냥이다. 이것을 실로 하여 5로 나누면 역시 갑의 돈이다.

一法 置甲多乙四之 得三十二兩 乙多丙三之 得十八兩 丙多丁二之 得十兩 丁多戊一之 得三兩 四位倂之共得六十三兩 加入總銀 得一百三十五兩爲實 以五歸之 亦得甲銀

별해 정은 무보다 3냥 많으며, 병은 무보다 8냥 많으며, 을은 무보다 14냥 많으며, 갑은 무보다 22냥 많으므로 이들을 모두 합하면 47냥이다. 가진 돈에서 이 돈을 뺀 다음 5로 나누면 역시 무의 돈이다.
一法 列各差丁三兩 丙八兩 乙十四兩 甲二十二兩 倂得四十七兩 以減總銀 餘爲實 五歸 亦得戊銀

☞ 역자 주: 풀이와 별해의 내용을 다음과 같이 나타내면 쉽게 이해할 수 있다.

풀이:

갑	을	병	정	무
				t
			+3	t
		+5	+3	t
	+6	+5	+3	t
+8	+6	+5	+3	t
8×1	6×2	5×3	3×4	$5t$

$t=(72-(8+12+15+12))/5$

별해 1:

갑	을	병	정	무
t				
t	−8			
t	−8	−6		
t	−8	−6	−5	
t	−8	−6	−5	−3
$5t$	−8×4	−6×3	−5×2	−3×1

$t=(72+(32+18+10+3))/5$

별해 2: 무가 t냥을 갖는다면 갑, 을, 병, 정은 각각 $t+22$, $t+14$, $t+8$, $t+3$냥씩 갖는다. 따라서 그 합으로 $5t+47=72$라는 식을 세워 해결할 수 있다.

【1-4-15】 지금 벼 3섬 5말을 껍질을 벗기면 쌀 1섬 5말이 된다. 쌀 5말 5되로 술 8말을 만드는 비율로 술 28섬 8말을 만들려면 벼가 얼마나 필요한가?
今有粟三石五斗 變米一石五斗 每米五斗五升 造酒八斗 今造酒二十八石八斗 問用粟若干

답 벼 46섬 2말
答曰 粟四十六石二斗

풀이 술 28섬 8말에 벼 3섬 5말을 곱하고 또 쌀 5말 5되를 곱하여 실로 한다. 한편 변하여 얻는 쌀 1섬 5말에 술 8말을 곱하면 12를 얻고 이것을 법으로 하여 나누면 된다.
法曰 置酒二十八石八斗 以粟三石五斗乘之 又以米五斗五升乘之爲實 另列變米一石五斗 以造酒八斗乘之 得十二爲法 除之 合問

☞ 역자 주: 문제에 있는 속(粟)은 오곡 중의 조를 의미할 때도 있고 또 껍질을 벗기지 않은 벼를 의미할 때도 있다. 문제의 뜻을 전자로 생각하면 조 3섬 5말을 물물교환하면 쌀 1섬 5말과 같다는 뜻이고, 후자로 생각하면 벼를 찌어 껍질을 벗겨서 쌀로 바꾼다는 뜻도 된다. 다음의 풀이법은 후자의 뜻을 따르고 있음을 알 수 있다.

☞ 역자 주: 이 문제는 연비를 구하여 계산하는 문제이다. 연비를 다음과 같이 구한다.

벼	:	쌀	:	술
3.5		1.5		
		0.55		0.8

$$3.5\times0.55 : 1.5\times0.55 : 1.5\times0.8$$

따라서 구하는 벼의 양을 x라 하면, 다음의 비례식이 성립한다.

$$x : 28.8 = 3.5\times0.55 : 1.5\times0.8$$

$$x = \frac{28.8\times3.5\times0.55}{1.5\times0.8}$$

이것이 풀이 과정에 해당한다.

【1-4-16】 지금 한 사람이 조 889섬 4말 7되 5홉을 납품하고자 한다. 다만 조 1말은 쌀 6되에 준하며 기장 8되는 조 1말과 같고 본래 조 1말은 그대로 1말로 납품한다는 조건으로 조, 기장, 쌀의 세 가지로 납품한다고 한다. 세 가지 곡식의 양을 같게 한다면, 각각 얼마씩 납입하면 되는가?
今有人欲納粟八百八十九石四斗七升五合 只云 每粟一斗準米六升 稷八升折

粟一斗 本粟一斗止納一斗 須令三色適等納之 問各若干

답 각각 227섬 1말
答曰 各二百二十七石一斗

풀이 납품하고자 하는 조의 양을 3배하여 2668섬 4말 2되 5홉을 얻어 11말 7되 5홉을 법으로 하여 나누면 된다. 〔법이 되는 것은 다음과 같은 이유이다. 쌀 3말은 조 5말에 준하고 기장 3말은 조 3말 7되 5홉에 준하고 여기에 본래의 조 3말까지 모두 합한 수가 11말 7되 5홉이다.〕
法曰 置共粟三之 得二千六百六十八石四斗二升五合 以十一斗七升五合爲法除之〔爲法者 米三斗準粟五斗 稷三斗準粟三斗七升五合 本粟三斗 倂三位得十一斗七升五合〕合問

☞ 역자주: 법 11.75을 이용한 풀이는 다음과 같다.

조 : 쌀=5 : 3이고 조 : 기장=3.75 : 3이므로 조, 쌀, 기장을 각각 3말씩 했을 때 그것을 조로 환원한 양이 바로 3+5+3.75=11.75이다. 따라서 각각 1말씩 했을 때는 총 $\frac{11.75}{3}$말이므로 각각 x말이라 하면 다음이 성립한다.

$$\frac{11.75}{3}x=889.475$$

$$x=\frac{889.475\times 3}{11.75}$$

☞ 역자 주: 다음과 같이 풀 수도 있다.

조 : 쌀 : 기장=1 : 0.6 : 0.8=5 : 3 : 4 이다. 세 가지 곡식의 양이 같으므로 모두 x라 하면, 그것을 조로 바꾸었을 때에는 $x, \frac{5}{3}x, \frac{5}{4}x$가 되어 다음 식이 성립하며 이를 풀면 된다.

$$x+\frac{5}{3}x+\frac{5}{4}x=889.475$$

5 상공수축문 8문제(商功修築門 八問)

'상공수축문'에서는 <구장산술>의 상공과 마찬가지로, 토목공사와 관련하여 입체도형의 부피에 관한 8문제를 다룬다. 단위 자(尺)는 부피에 대한 것일 때 세제곱자를 나타낸다. 자, 제곱자, 세제곱자의 구별이 없어 문제 상황에 비추어 파악해야 한다.

【1-5-1】 지금 굳은 흙의 부피가 12자일 때 파낸 땅과 부드러운 흙은 각각 얼마인가?
今有堅地積 一十二尺 問穿地壤土各若干

답 파낸 땅 16자, 부드러운 흙 20자
答曰 穿地一十六尺 壤土二十尺

풀이 굳은 흙을 5배하여 3으로 나누면 부드러운 흙을 얻고, 또 굳은 흙을 4배하여 3으로 나누면 파낸 땅을 얻는다.
法曰 置堅地積 五因三歸 得壤土 又堅地四因三歸 得穿地 合問

☞ 역자 주: 굳은 흙, 파낸 땅, 부드러운 흙의 정의가 책에 명확히 제시되어 있지 않지만, 땅을 파면 부드러운 흙이 되고 그것을 다지면 굳은 흙이 된다고 추론할 따름이다. 한편 파낸 자욱이 파낸 땅이다. 굳은 흙을 a, 파낸 땅을 b, 부드러운 흙을 c라고 할 때, $a:b:c=3:4:5$인 것은 <구장산술>에 다음과 같이 명시되어있다.

> **파낸 땅을 4라고 하면 부드러운 흙은 5, 굳은 흙은 3, 둔덕은 4로 한다.(穿地四, 爲壤五 爲堅三 爲墟四)**

이 비는 중국의 황하 유역의 옥토에 대해서는 합당할지 모르나 일반성이 결여됨에도 불구하고, 중국 산서의 가장 오래된 원전인 <구장산술> 이후의 산서는 그것을 모방하고 있다. 이 점에 있어서는 조선 시대의 산서도 예외가 아닌데, 예를 들어 <묵사집산법>에는 '천지견양법'이라 하여 이를 설명한다.

【1-5-2】 지금 운하를 개척하는데 길이가 2500자, 위 너비는 18자,

아래 너비는 12자, 깊이는 9자이다. 매일 일꾼 한 명이 300자를 파낸다면 몇 명의 일꾼이 필요한가?
今有開河 長二千五百尺 上廣十八尺 下廣十二尺 深九尺 每日一工開三百尺 問用工若干

답 1125명
答曰 一千一百二十五工

풀이 위 너비와 아래 너비를 합하여 2로 나누고 여기에 길이를 곱하고 다시 깊이를 곱하여 실로 하고 300자를 법으로 하여 나누면 된다.
法曰 併上下廣折半 以長乘之 再以深乘之爲實 以三百尺爲法除之 合問

☞ 역자 주: 주어진 운하를 밑면이 윗변 18, 아랫변 12, 높이 9인 사다리꼴이고 높이가 2500인 사각기둥으로 생각하여 그 부피를 구한다. 즉 $\frac{18+12}{2}\times 9\times 2500$이다. 아래 문제 1-5-3의 해자의 부피도 마찬가지로 $\frac{14+18}{2}\times 8\times 3600$로 구한다.

【1-5-3】 지금 해자를 파는데 위 너비는 14자, 아래 너비는 18자, 깊이는 8자, 길이는 3600자이다. 한 사람이 하루에 144자를 파낼 때 지금 일꾼 400명을 쓰면 며칠이 걸리겠는가?
今有開濠 上廣一十四尺 下廣一十八尺 深八尺 長三千六百尺 每人日穿一百四十四尺 今用人夫四百名 問幾日開畢

답 8일에 끝냄
答曰 八日開畢

풀이 위 너비와 아래 너비를 합하여 2로 나누고 여기에 길이를 곱하고 다시 깊이를 곱하여 실로 한다. 별도로 인부 400명에 144자를 곱하면 57600을 얻고 이것을 법으로 하여 나누면 된다.
法曰 併上下廣折半 以長乘之 再以深乘之爲實 另置人夫四百名 以一百四十

四尺乘之 得〔五萬七千六百〕 爲法除之 合問

【1-5-4】 지금 방대가 있는데, 위 모서리는 6자, 아래 모서리는 8자이고 높이는 12자이다. 부피는 얼마인가?
今有方臺 上方六尺 下方八尺 高十二尺 問積若干

답 592자
答曰 五百九十二尺

풀이 위 모서리를 제곱하고 아래 모서리를 제곱한 다음 위 모서리와 아래 모서리를 서로 곱하여 얻은 수까지 세 수를 모두 합하면 148이고 여기에 높이를 곱한다. 〔1776을 얻는다.〕 이것을 실로 하고 3으로 나누면 부피가 된다.
法曰 上方自乘 下方自乘 上下方相乘 併三位共得一百四十八 以高乘之〔得一千七百七十六〕 爲實 就以三而一得積 合問

☞ 역자 주: 방대란 정사각뿔대를 말한다. 일반적으로 윗면과 아랫면의 한 모서리가 각각 a와 b이고 높이가 h인 정사각뿔대의 부피 V를 구할 때, 윗면을 밑면으로 하는 정사각뿔의 높이를 k라 하면, $k:(k+h)=a:b$ 에서 $k=\dfrac{ah}{b-a}$ 이므로 다음 식을 얻는다.

$$V=\frac{1}{3}b^2\left(\frac{ah}{b-a}+h\right)-\frac{1}{3}a^2\left(\frac{ah}{b-a}\right)$$
$$=\frac{1}{3}\left(b^2\frac{bh}{b-a}-a^2\frac{ah}{b-a}\right)$$
$$=\frac{1}{3}\frac{h}{b-a}(b^3-a^3)$$
$$=\frac{1}{3}h(b^2+ab+a^2)$$

이것이 풀이 과정에 해당하는 식이다.

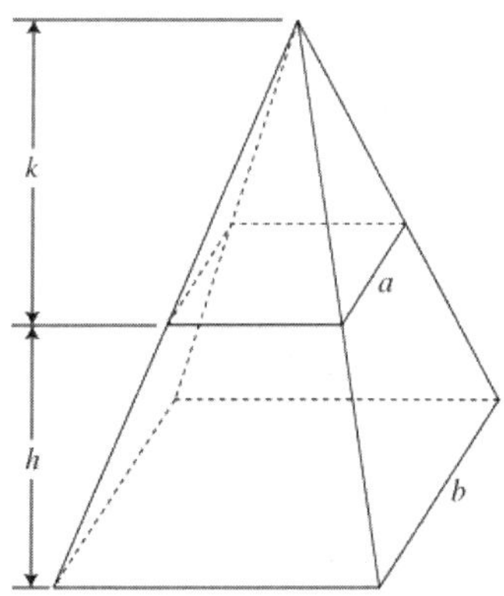

【1-5-5】 지금 원대가 있는데, 위 원의 둘레는 6자, 아래 원의 둘레는

8자이고 높이는 12자이다. 부피는 얼마인가?
今有圓臺 上周六尺 下周八尺 高一十二尺 問積若干

답 $49\frac{12}{36}$자
答曰 四十九尺三十六分尺之一十二

풀이 위 원의 둘레를 제곱하고 아래 원의 둘레를 제곱하고 다시 위 원의 둘레와 아래 원의 둘레를 서로 곱하여 이 세 수를 모두 합하고 여기에 높이를 곱하여 실로 하여 36으로 나누면 된다.
法曰 上周自乘 下周自乘 上下周相乘 併三位 又以高乘之爲實 以三十六除之 合問

☞ 역자 주: 원뿔대를 말한다. 문제 1-5-4의 각뿔대의 경우와 마찬가지로 일반적으로 윗면과 아랫면의 둘레가 각각 l과 L이고 높이가 h인 원뿔대의 부피 V를 구할 때, 윗면을 밑면으로 하는 원뿔의 높이를 k라 하면, $k : (k+h) = l : L$에서 $k=\frac{lh}{L-l}$이므로 다음 식을 얻는다.

$$V=\frac{1}{3}\pi\left(\frac{L}{2\pi}\right)^2(k+h)-\frac{1}{3}\pi\left(\frac{l}{2\pi}\right)^2k$$

$$=\frac{1}{3\cdot 4\cdot \pi}\left(L^2\cdot\frac{Lh}{L-l}-l^2\cdot\frac{lh}{L-l}\right)$$

$$=\frac{h}{12\pi}(L^2+Ll+l^2)$$

[여기에서 원주율을 3, 즉 고법으로 하면]

$$=\frac{(L^2+l^2+Ll)h}{36}$$

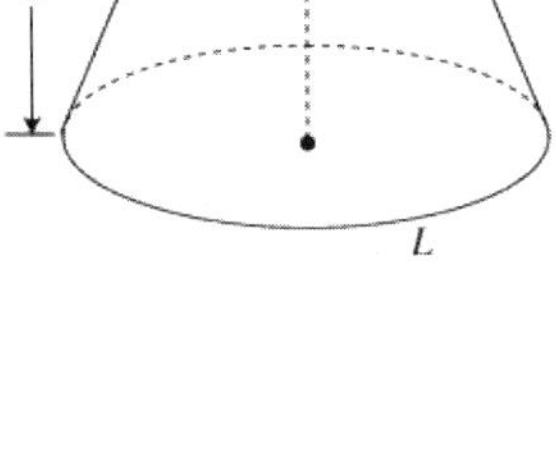

이것이 풀이의 방법에 해당한다.

【1-5-6】 지금 방추(정사각뿔)가 있는데, 아래 모서리는 18자이고 높이는 12자이다. 부피는 얼마인가?
今有方錐 下方一十八尺 高一十二尺 問積若干

답 1104자[35)]
答曰 一千一百四尺

풀이 아래 모서리를 제곱하고 높이를 곱하여 이것을 실로 하여 3으로 나누면 된다.
法曰 置下方自乘 又以高乘之爲實 以三歸之 合問

☞ 역자 주: 오늘날 정사각뿔의 부피 구하는 방법 $V=\frac{1}{3}Sh$ 와 완전히 일치한다.

【1-5-7】 지금 원추(원뿔)가 있는데, 아래 원의 둘레가 72자이고 높이가 32자이다. 고법·휘법·밀법에 의한 부피는 각각 얼마인가?
今有圓錐下周七十二尺 高三十二尺 古徽密積若干

답 고적 4600자

휘적 $4402\frac{1032}{1884}$ 자

밀적 $4398\frac{144}{264}$ 자

答曰 古積 四千六百八尺
徽積 四千四百二尺一千八百八十四分尺之一千三十二
密積 四千三百九十八尺二百六十四分尺之一百四十四

풀이 아래 원둘레를 제곱하고 여기에 높이를 곱한 다음 다시 각각의 지름의 법〔고경법은 1, 휘경법은 50, 밀경법은 7〕을 곱하여 실로 하고 별도로 각각의 둘레의 법〔고주법은 3, 휘주법은 157, 밀주법은 22〕에 12를 곱하여 이것을 법으로 하여 나누면 각 법에 관한 부피를 얻는다.
法曰 置下周自乘 又以高乘之 再以各其徑法〔古徑法一 徽徑法五十 密徑法七〕 乘之爲實 另列各其周法〔古周法三 徽周法一百五十七 密周法二十二〕

35) 계산이 틀렸다. 밑면의 한 모서리가 18자, 높이가 12자인 정사각뿔의 부피는 1296세제곱자이다.

以十二乘之 得數爲法除之 得各積 合問

☞ 역자 주: 오늘날의 공식을 다음과 같이 변형시켜 얻은 결과가 풀이의 방법을 설명해준다.

$$\begin{aligned}\frac{1}{3}\pi r^2 h &= \frac{1}{3}\pi\times\left(\frac{(\text{둘레})}{2\pi}\right)^2\times h\\ &= \frac{(\text{둘레})^2\times h}{12\pi}\\ &= \frac{(\text{둘레})^2\times h\times(\text{지름의 법})}{12\times(\text{둘레의 법})}\ \left(\because \pi=\frac{(\text{둘레의 법})}{(\text{지름의 법})}\right)\end{aligned}$$

【1-5-8】 지금 위·아래 면이 직사각형인 대(臺)를 한 곳에 만들고자 한다. 윗면의 너비는 4자, 길이는 10자이고 아래 면의 너비는 9자, 길이는 15자이며 높이는 9자이다. 부피는 얼마인가?
今有築直臺一所 上廣四尺 長一十尺 下廣九尺 長一十五尺 高九尺 問積若干

답 750자
答曰 七百五十尺

풀이 윗면의 길이를 2배하여 아래 면의 길이와 합하여 윗면의 너비를 곱하면 140자를 얻는다. 한편, 아래 면의 길이를 2배하여 윗면의 길이에 합하고 아래 면의 너비를 곱하면 360자를 얻는다. 이 두 수를 합하면 500자를 얻고 여기에 높이를 곱하여 실로 하여 6으로 나누면 된다.
法曰 倍上長加下長 以上廣乘之 得一百四十尺 另倍下長加上長 以下廣乘之 得三百六十尺 二數倂之 得五百尺 以高乘之爲實 以六歸之 合問

☞ 역자 주: <구장산술>의 '상공'에서 다룬 입체도형 중 추동(芻童)에 해당하는 것으로, 그 모양은 아래 그림과 같이 사각뿔대와 비슷한데, 윗면과 밑면이 모두 직사각형이며, 윗면의 길이와 너비를 각각 a와 b, 밑면의 길이와 너비를 각각 c와 d라고 할 때 그 부피 V는 다음과 같다.

$$V=\frac{h}{6}\{(2b+d)a+(2d+b)c\}$$

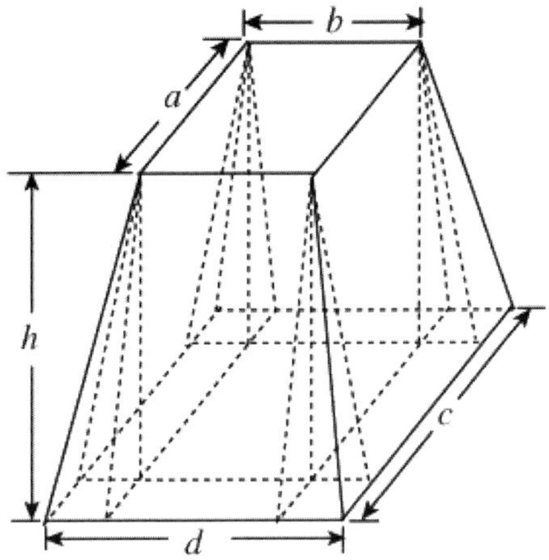

이 공식은 주어진 입체를 몇 개의 단순한 입체로 나누고 각각의 부피를 구하여 다음과 같이 구한 것이다.

$V=$(윗면을 밑면으로 하는 사각기둥)+(옆면을 따라 생기는 4개의 반 직육면체)+(귀퉁이에 남은 4개의 사각뿔)

$$=abh+\left(a\cdot\frac{d-b}{2}\cdot h+b\cdot\frac{c-a}{2}\cdot h\right)+\frac{1}{3}(c-a)(d-b)h$$

$$=\frac{h}{6}\{6ab+3a(d-b)+3b(c-a)+2(c-a)(d-b)\}$$

$$=\frac{h}{6}(2ab+ad+bc+2cd)$$

$$=\frac{h}{6}\{(2b+d)a+(2d+b)c\}$$

이 공식은 a와 b, c와 d가 바뀌어도 무방하므로, 본 문제의 풀이는 $a=4$, $b=10$, $c=9$, $d=15$, $h=9$인 경우이다.

구일집 제 1 권(九一集 卷之一)

구일집 제2권
(九一集 卷之二)

남양 홍정하 저(南陽 洪正夏 著)

1 귀천차분문 22문제(貴賤差分門 二十二問)

'귀천차분문'의 문제는 단가나 속도 등이 다른 대상들에 대한 조건을 다루는 문제로서, '차분화합법' 또는 양휘가 '쌍률분신'이라 부른 것이며, <산학입문>에서는 비례식으로 풀기도 한다. 특히 '차분화합법'은 다음과 같이 생각할 수 있다. 단가가 k와 l인($k>l$) 두 가지 물건이 있어 비싼 물건의 개수를 x, 총 개수를 a, 총액을 b라 하면 $kx+l(a-x)=b$가 성립한다. 따라서 싼 물건의 개수를 다음과 같이 얻는다.

$$\frac{ka-b}{k-l}=\frac{ka-kx-l(a-x)}{k-l}=a-x$$

한편 싼 물건의 개수를 y라 하면 $k(a-y)+ly=b$가 성립하고 다음과 같이 비싼 물건의 개수를 먼저 구할 수 있다.

$$\frac{b-la}{k-l}=\frac{k(a-y)+ly-la}{k-l}=a-y$$

【2-1-1】 지금 복숭아와 자두를 합하여 100개의 값이 272문[36)]이다. 다만 복숭아는 한 개에 4문이고 자두는 한 개에 2문이라고 한다. 복숭아와 자두는 각각 몇 개이고 값은 얼마인가?
今有桃李一百箇 共價二百七十二文 只云 桃一箇價四文 李一箇價二文 問桃李及價各若干

답 복숭아 36개 값 144문
자두 64개 값 128문

36) 문(文)은 돈의 단위로서, 10문이 1냥(兩)이다.

答曰 桃三十六箇　　　　價一百四十四文
　　李六十四箇　　　　價一百二十八文

풀이 복숭아와 자두를 모두 합한 수에 자두의 값 2문을 곱하면 200을 얻고 이것을 복숭아와 자두의 합한 값에서 빼면 72문이다. 이것을 실로 한다. 복숭아 값에서 자두 값을 뺀 값 2문을 법으로 하여 나누면 복숭아의 개수를 얻고, 모두 합한 수에서 복숭아 수를 빼면 자두의 개수를 얻는다. 여기에 각각 한 개의 값을 곱하면 각각의 값이 된다.
法曰 置桃李共數 以李價二文乘之 得二百 以減共價 餘七十二文爲實 以桃李價相減 餘二文爲法 除之得桃 以減共數 餘爲李也 各以其價乘之 合問

☞ 역자 주: 차분화합법을 적용하면 다음 식에 의해 복숭아의 개수를 얻는다.

$$\frac{272-2\times100}{4-2}=\frac{72}{2}=36$$

☞ 역자 주: 위의 풀이에서 처음에 100과 2를 곱한 것은 복숭아와 자두 각각의 한 개 값을 모두 2문으로 생각하여 얻은 값이다. 이 값과 원래의 값의 차이 72는 복숭아 한 개의 값을 4문이 아니라 2문으로 생각했기 때문에 생긴 것이므로 72를 2로 나누어 복숭아의 개수를 구할 수 있다. 나머지는 쉽게 뒤따른다.

한편, 오늘날에는 복숭아 한 개의 값을 x라 하고 자두 한 개의 값을 y라 할 때 다음 연립방정식을 세워 풀 수 있다.

$$\begin{cases} x+y=100 \\ 4x+2y=272 \end{cases}$$

【2-1-2】 지금 돈 987냥으로 능비단 70필과 라비단 50필을 같이 샀다. 다만 능비단 한 필의 값은 라비단 한 필의 값보다 9전이 많다고 한다. 각각의 한 필 값은 얼마인가?
今有銀九百八十七兩 共買綾七十匹 羅五十匹 只云 綾匹價比 羅匹價 多九錢 問各匹價若干

답 능비단 한 필 값 8냥 6전
　　라비단 한 필 값 7냥 7전
答曰 綾匹價八兩六錢

羅匹價七兩七錢

풀이 라비단 50필에 9전을 곱하여〔45냥〕 얻은 것을 원래 가진 돈에 더하여〔1032냥〕 얻은 돈을 실로 한다. 능비단과 라비단을 더한 수 120필을 법으로 하여 나누면 능비단 한 필 값을 얻고 여기서 9전을 빼면 라비단 한 필 값이다.
法曰 置羅以多九錢乘之得〔四十五兩〕 加入原銀共得〔一千三十二兩〕 爲實 以綾羅共數一百二十匹 爲法除之得綾匹價 内減多數 卽羅匹價 合問

☞ 역자 주: 능비단 70과 라비단 50의 값이 987냥이므로,
능비단 70과 능비단 50의 값은 $987+(50\times9)$냥이다.

따라서 능비단 한 필의 값은 $\dfrac{987+(50\times9)}{70+50}$으로 구한다.

한편, 능비단과 라비단 한 필의 값을 각각 x와 y라 하면, 다음 연립방정식이 성립한다.

$$\begin{cases} x=y+9 & \cdots① \\ 70x+50y=987 & \cdots② \end{cases}$$

식 ①을 식 ②에 대입하면 $70x+50(x-9)=987$이므로 $120x=987+50\times9$이고, 이 식이 바로 저자의 풀이법과 일치한다.

【2-1-3】 지금 말 7마리와 노새 9마리는 그 값이 같다고 한다. 다만 노새 한 마리 값이 말 한 마리 값보다 8냥이 적다고 한다. 한 마리의 값은 각각 얼마인가?
今有馬七匹 騾九匹 其價適等 只云 騾匹價 比馬匹價 不及八兩 問各價若干

답 말 한 마리 값 36냥
노새 한 마리 값 28냥
答曰 馬匹價三十六兩 騾匹價二十八兩

풀이 노새 9마리에 8냥을 곱하여〔72냥〕 얻은 것을 실로 한다. 노새와 말의 마리 수의 차이가 2마리이므로 2를 법으로 하여 나누면 말 한 마리의 값을 얻는다. 말 한 마리의 값에서 8냥을 빼면 노새 한 마리의 값

이다.

法曰 置騾九以八兩乘之得[二十七兩] 爲實 以馬騾相減餘二爲法 除之得馬匹價 內減不及 得騾匹價 合問

☞ 역자 주: 모두 말에 대해 생각해보자. 말 9마리와 말 7마리의 값의 차이는 말 9마리와 노새 9마리의 값의 차이와 같고, 말과 노새의 한 마리 값의 차가 8냥이므로 그 값은 9×8냥이다. 따라서 말 2마리의 값의 값이 72냥이고, 1마리의 값은 $\frac{72}{2}$로 구한다.

한편, 말과 노새의 한 마리 값을 각각 x와 y라 하면 다음 연립방정식이 성립한다.

$$\begin{cases} 7x=9y & \cdots① \\ y=x-8 & \cdots② \end{cases}$$

식 ②를 식 ①에 대입하면, $7x=9(x-8)$, $9x-7x=9\times8$, $x=\frac{9\times8}{2}$을 얻고, 이것이 본문의 풀이법에 해당한다.

【2-1-4】 지금 좋은 말은 하루에 120리를 가고 둔한 말은 하루에 75리를 간다. 지금 둔한 말이 9일 먼저 출발하여 간 후에 좋은 말이 뒤쫓아가면 며칠만에 따라 잡는가?

今有良馬日行一百二十里 駑馬日行七十五里 今駑馬先行九日 問良馬幾日追及

답 15일

答曰 一十五日

풀이 9일에 좋은 말이 하루 가는 거리를 곱하여 실로 하고 좋은 말과 둔한 말의 하루 가는 거리의 차이[45리]를 법으로 하여 나누면 좋은 말과 둔한 말이 좋은 말이 9일에 간 거리만큼 떨어져 있을 때 좋은 말이 둔한 말을 따라 잡는 날의 수이다. 여기서 9일을 빼면 된다.

法曰 置九日以良馬行里乘之爲實 以良駑馬日行相減餘[四十五里]爲法 除之得駑馬原日內減九日 合問

☞ 역자 주: 이 풀이법은 의미상 어색한 것 같다. 좀더 의미 있는 직접적이고 일반적인 방법은 둔한 말이 먼저 출발하여 간 거리, 즉 좋은 말과 둔한 말이 떨어져 있는 거리 75×9를 실로 하고, 하루 가는 거리의 차 45를 법으로 하여 나누는 것이다.

그러나 저자의 생각은 다음과 같다.

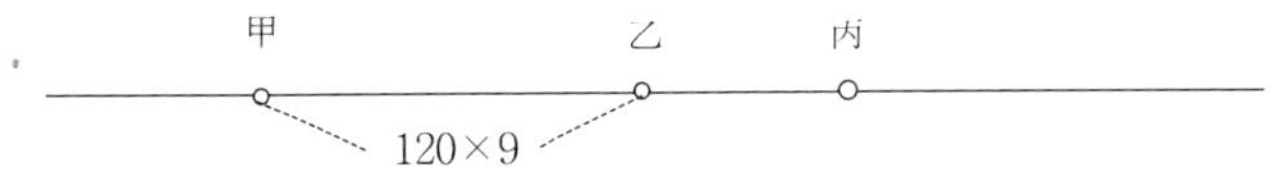

甲에 있는 좋은 말을 탄 아군 장수가 乙에 있는 둔한 말을 탄 적장을 9일간 추격하여 乙에 와보니 적장도 9일 전에 도주하여 현재는 丙에 가 있다. 계속하여 추격하면 언제 만나는가?

☞ 역자 주: 따라잡는 날의 수를 x라 하면, 그때 좋은 말이 간 거리는 $120x$이고 둔한 말이 간 거리는 $75x$이며 둔한 말이 9일 동안 먼저 간 거리가 75×9이므로 다음 식이 성립한다.

$$120x = 75x + 75 \times 9$$

$$x = 75 \times \frac{9}{45}$$

$$x = 15$$

【2-1-5】 지금 갑과 을 두 사람의 걷는 속도는 같지 않다. 먼저 을이 30리 간 후에 갑이 뒤쫓아갔으나 80리 갔을 때 두 사람 사이의 거리는 20리였다. 여기서 다시 뒤쫓아가면 몇 리 간 후에 따라 잡는가?

今有甲乙二人 行步不等 先令乙已去三十里 後令甲追去八十里 不及二十里 仍復追之 問幾里可及

답 160리

答曰 一百六十里

풀이 미치지 못한 20리에 갑이 쫓아간 거리〔80리〕를 곱하여 얻은 수〔1600리〕를 실로 한다. 을이 먼저 간 거리〔30리〕에서 미치지 못한 거리〔20리〕를 뺀 나머지 10리를 법으로 하여 나누면 된다.

法曰 置不及〔二十里〕 以甲追去〔八十里〕乘之〔得一千六百里〕爲實 列已行

〔三十里〕內減不及〔二十里〕餘十里爲法除之合問

☞ 역자 주: 풀이의 방법은 다음과 같이 생각한 것이다.

갑이 80리 가면 갑과 을 사이는 10리가 좁아진다. 앞으로 x리 가서 만난다면 다음 식이 성립한다.

$$80 : 10 = x : 20$$

$$x = \frac{1600}{10}$$

☞ 역자 주 : 갑이 80리 갔을 때 을은 100리 지점인데 미리 30리 갔으므로, 결국 갑이 80리 갈 동안 을이 간 거리는 70리이다. 즉 갑의 속력 대 을의 속력은 8 : 7이다. 갑이 을을 따라 잡으려면 8의 속력으로 간 거리가 7의 속력으로 간 거리보다 20만큼 많아야 하므로, 시간 t 후 따라 잡는다면 다음 식이 성립한다.

$$8t = 7t + 20$$

$$t = 20$$

따라서 갑이 $8t = 8 \times 20 = 160$(리) 간 후에 따라 잡는다.

【2-1-6】 지금 서울에서 내주까지의 거리는 1040리이다. 말 탄 사람은 내주에서 서울로 하루에 70리씩 오고 있고, 걷는 사람은 서울에서 내주를 향하여 하루에 60리씩 가고 있다. 그러면 말탄 사람과 걷는 사람은 며칠 후에 서로 만나는가?

今有自京至箂州一千四十里 馬從箂州向京日行七十里 人從京師向州日行六十里 問人馬幾日相會

답 8일

걷는 사람 간 거리 480리

말 탄 사람 간 거리 560리

答曰 八日 人行四百八十里 馬行五百六十里

풀이 1040리를 실로 하고 사람이 걷는 거리와 말이 가는 거리를 합하면 130리이고 이것을 법으로 하여 나누면 8일을 얻는다. 여기에 각각의 하루 가는 거리를 곱하면 된다.

法曰 置一千四十里爲實 倂人馬日行數 得一百三十里爲法 除之得八日 以乘

各其日行數 合問

☞ 역자 주: x일 후에 만난다고 하면, 걸은 거리와 말탄 거리의 합이 전체 거리여야 하므로 다음 방정식이 성립한다.

$$60x+70x=1040$$
$$130x=1040$$
$$x=8$$

【2-1-7】 지금 갑과 을 두 사람이 같이 동시에 길을 떠났다. 다만 갑은 하루에 85리를 가고 을은 하루에 65리를 간다고 한다. 그러면 갑과 을 두 사람이 같은 거리를 간 날은 각각 언제인가?
今有甲乙二人同起程 只云 甲日行八十五里 乙日行六十五里 問甲乙所行各幾日而行里適等

답 갑 13일, 1105리 간다
을 17일, 1105리 간다.
答曰 甲一十三日 行一千一百五里
乙一十七日 行一千一百五里

풀이 갑이 하루 가는 거리 85리와 을이 하루 가는 거리 65리를 볼 때 공통인수 5가 있다. 이것을 법으로 한다. 별도로 85리를 5로 나누면 17일을 얻고 이것이 을이 걷는 날이다. 또 65리를 5로 나누면 13일을 얻고 이것이 갑이 걷는 날이다. 각자의 걷는 날에 각각 하루 가는 거리를 곱하면 걷는 거리 1105리는 같다.
法曰 置甲日行八十五里 乙日行六十五里 約之得五爲法 另列八十五里 以法五除之 得十七此乙之日也 又列六十五里 以法五除之 得十三日 此甲之日也 乃列各日以其日行乘之 各得其里數一千一百五里 合問

별해 갑이 하루 걷는 거리 85리에 을이 하루 걷는 거리 65리를 곱하여 〔5525리〕 얻는 수를 실로 한다. 한편 갑, 을 두 사람이 하루 걷는 거리를 나눌 수 있는 5를 법으로 하여 나누면 역시 간 거리 1105리를 얻는다.

一法 置甲日行八十五里 以乙日行六十五里 乘之得[五千五百二十五里]爲實 另列甲乙日行[甲八十五里乙六十五里]約之得五 爲法除之亦得各其行一千一百五里

☞ 역자 주: 이 문제의 답인 1105리는 85와 65의 최소공배수이다. 그러나 현재의 관점에서 보면 이 문제는 $85a=65b$인 a와 b를 찾는 것으로 85와 65의 공배수를 구하는 문제이다. 85와 65의 일반적인 공배수는 무수히 많이 존재하고 이 공배수들은 모두 문제의 해가 된다. 즉, 85와 65의 일반적인 공배수 $m=k\times5\times13\times17$(단, k는 양의 정수)이 해이다. 갑과 을이 같은 거리 m리를 가는데 갑은 $k\times13$일 걸리고 을은 $k\times17$일 걸린다. 따라서 이 문제의 답은 무수히 많이 존재한다. 예를 들어 1105 이외에 2210, 3315, 4420, …도 모두 조건을 만족한다.

따라서 "간 거리가 처음으로 같아지는 날들…"과 같이 거리에 제한을 준다든지 또는 "일정한 기간 내에…"와 같이 시간에 제한을 준다든지 하면 문제의 답이 유한 개로 된다.

【2-1-8】 지금 갑, 을, 병 세 사람이 걷는 속도가 같지 않다. 갑은 하루에 45리를 가고 을은 하루에 40리를 가며 병은 하루에 35리를 간다. 각각 며칠이면 간 거리가 같은가?
今有甲乙丙三人行步不等 甲日行四十五里 乙日行四十里 丙日行三十五里 問幾日而所行里數相等

답 갑 56일, 을 63일, 병 72일에 각각 2520리를 간다.
答曰 甲五十六日 行二千五百二十里 乙六十三日 行二千五百二十里 丙七十二日 行二千五百二十里

풀이 세 사람이 하루에 갈 수 있는 거리들을 약분할 수 있는 수는 5이다. 45리를 나누면 9를 얻고 이것은 갑의 나누는 근본이다. 40리를 나누면 8을 얻고 이것은 을의 나누는 근본이다. 35를 나누면 7이고 이것은 병의 나누는 근본이다. 이 수들을 그림에서와 같이 왼쪽 열[37]에 놓고 또 각각 사람이 하루 가는 거리를 오른쪽 열에 놓는다. 왼쪽 열을 서로 오른 쪽 세 수와 곱하면 각각 2520을 얻고 각 사람이 하루 가는 거리로 나누면 각 사람이 걸리는 날 수를 얻는다.

法曰列三人日行數 互相約之得五 以除四十五里得九 爲甲分母 以除四十里得八 爲乙分母 以除三十五得七 爲丙分母 乃列於左行 又列各人日行於右行 以左行互乘右行 三位各得二千五百二十里 此相等之數各以日行除之得各日

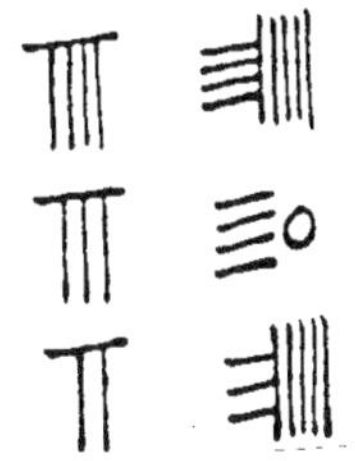

☞ 역자 주: **산대에 대하여**

이 문제의 풀이에 있는 그림은 산대로 수를 표시한 것이다. 대나무를 깎아서 6치(寸)되는 대를 271개 만들어 이것을 한 묶음이라 하고 보자기에 싸갖고 다니면서 수학 문제를 풀 때 계산을 하려면 보자기를 풀어 펴고 그 위에 산대로 수를 표시하여 이리저리 산대를 옮기면서 계산하였기 때문에 이것을 포산(布算)이라 한다. 산대로 수를 다음과 같이 표시하였다.

일, 백, 만, …의 자리의 수는 첫 행과 같이, 그리고 십, 천, …의 자리의 수는 옆으로 뉘어서 표현하였다. 이 원리를 <묵사집산법>에서는 '종횡법'이라 하여 설명한다.

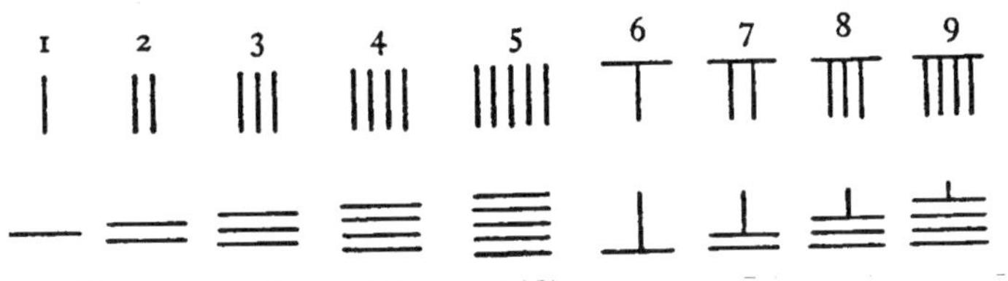

이 산대를 산(筭, 算) 또는 주(籌)라 하여 해당하는 한자는 모두 대죽변(竹)에 속해있다. 중국인들이 수학을 처음에 산학 또는 주학이라고 한 이유와 관련지어 생각할 수 있다.

☞ 역자 주: 문제의 풀이에 있는 그림을 인도-아라비아 숫자로 나타내면 다음과 같다. 이후 본문의 산대 그림은 모두 각각에 대응하는 아라비아 숫자로 적을 것임을 염두에 두길 바란다.

9 45
8 40
7 35

37) 당시 산대 배열에서 세로줄을 行이라 일컫지만, 오늘날의 行·列 의미에 따라 '열'로 번역한다.

갑이 간 거리는 왼쪽 열의 8, 7과 오른쪽 열의 45를 곱하여 2520이다. 을이 간 거리는 왼쪽 열의 9, 7과 오른쪽 열의 40을 곱하여 2520이다. 병이 간 거리는 왼쪽 열의 9, 8과 오른쪽 열의 35를 곱하여 2520이다.

이 문제도 앞에 있는 문제와 같이 45, 40, 35의 공배수를 구하는 문제로, 최소공배수가 2520이다. 그러나 다른 조건이 주어지지 않는다면 모든 공배수가 문제의 답이 되어 답은 무수히 많다.

【2-1-9】 지금 소, 말, 노새, 당나귀를 사고자 한다. 그런데 소 한 마리의 값은 18냥, 말 한 마리의 값은 12냥, 노새 한 마리의 값은 9냥, 당나귀 한 마리의 값은 6냥이다. 이 네 가지 가축이 각각 몇 마리씩일 때 그 값이 서로 같은가?

今有欲買牛馬騾驢 而其牛隻價十八兩 馬隻價十二兩 騾隻價九兩 驢隻價六兩 問四色幾隻之價適等

답 소 2마리, 말 3마리, 노새 4마리, 당나귀 6마리, 각각 36냥

答曰 牛二 馬三 騾四 驢六 各價 三十六兩

풀이 네 가지 가축의 한 마리 값들의 공통인수는 3이다. 이것으로 각 가축의 한 마리 값을 나누면 소는 6, 말은 4, 노새는 3, 당나귀는 2이다. 이 수를 다음 그림에서 왼쪽 열에 놓고 또 각 가축의 한 마리 값을 오른쪽에 놓는다.

6 24
4 36
3 48
2 72

왼쪽 열에 있는 수와 오른쪽 네 수를 서로 곱하면 모두 〔432냥〕 같은 수이고 이것을 실로 한다. 이것을 각 가축의 한 마리 값으로 나누면〔소는 24, 말은 36, 노새는 48, 당나귀는 72, 이들도 역시 (값이) 같은 수이다.〕 또 이들의 공통인수는 12이다.〔약분할 수 없으면 그대로 둔다.〕 이 12를 법으로 하여 나누면 소는 〔24이므로〕 2가 되고 말은 〔36이므로〕 3이 되고 노새는 〔48이므로〕 4가 되고 당나귀는 〔72이므로〕 6이 된다. 이 수로 432냥을 나누면 각 가축의 값이다. 이 값은 모

두 같고 36냥이다.

法曰 各列四色價互相約之得三爲法 以除各價得牛六馬四騾三驢二 乃列於左行 又列各價於右行以左行互乘右行 四位各得〔四百三十二兩〕爲實 各以其價除之得〔牛二十四馬三十六騾四十八驢七十二此亦等數〕 又四位互相約之〔不能約者置之〕 得十二乃爲法以除牛〔二十四〕得牛二 以除馬〔三十六〕 得馬三 以除騾〔四十八〕 得騾四 以除驢〔七十二〕 得驢六 以除四百三十二兩 得四色等價三十六兩 合問

☞ 역자 주: 이 문제도 앞의 문제들과 같이 18, 12, 9, 6의 공배수의 문제이다. 최소공배수는 36이므로 소 2, 말 3, 노새 4, 당나귀 6이 이 문제 풀이의 답이지만 문제를 볼 때 갖고 있는 돈에 대해서는 아무런 제한이 없다. 따라서 돈이 얼마든지 많다는 가정 하에 소 200마리, 말 300마리, 노새 400마리, 당나귀 600마리를 산다해도 역시 각 가축의 값은 같고 그것은 3600냥이다. 따라서 돈 또는 가축의 마리 수에 대한 제한 조건이 문제에 필요하다.

【2-1-10】 지금 금 15냥을 갖고 구슬, 은, 옥을 모두 합하여 101냥 사고자 한다. 다만 금 1전으로 구슬은 5전, 은은 7전, 옥은 9전 무게의 물건을 살 수 있다고 한다. 이 세 가지 물건을 각각 얼마씩 사면되는가?

今有金十五兩 共買珠銀玉一百一兩 只云 每金一錢 買珠則五錢 銀則七錢 玉則九錢 問三色併價若干

답 구슬 30냥, 이 값의 금은 6냥
은 35냥, 이 값의 금은 5냥
옥 36냥, 이 값의 금은 4냥

答曰 珠三十兩 價金六兩
銀三十五兩 價金五兩
玉三十六兩 價金四兩

풀이 금의 총량을 3으로 나누면 5냥이고 이것을 은에 대한 금이라 하면, 금 1전으로 은 7전을 사기 때문에 7을 곱하면 35냥이다. 사는 총량에서 이것을 빼면 나머지가 66냥이다. 한편, 금의 총 량에서 은에 대한 금 5냥을 빼면 나머지가 10냥이다. 구슬에 대한 비율이 5이므로 5를 곱하면 50냥을 얻고 이것을 66냥에서 빼면 나머지가 16냥이다. 이것을 실로 하여 구슬과 옥의 값의 차이가 4전이므로 4를 법으로 하여 나누면 옥에 대한 금의 양인 4냥을 얻는다. 이것을 10냥에서 빼면 나머지가 6냥이고 이것은 구슬 값에 대한 금의 양이다. 각각의 비율에 따라 곱하면 세 가지에 대한 값이 나온다.

法曰 置總金三歸得五兩 約銀爲中 以每戔買七錢乘得銀數 以減總物餘〔六十六兩〕 另置總金内減銀價〔五兩〕 餘十兩以珠〔五戔〕 乘得〔五十兩〕 以減於〔六十六兩〕 餘十六兩爲實 珠玉相減餘四錢爲法 除之得玉價四兩 又減於十兩餘〔六兩〕 爲珠價 各以每戔買數乘之 合問

☞ 역자 주: 이 문제의 풀이를 보면 금의 총량 15냥을 3으로 나누어 이것을 은에 대한 금의 양으로 가정하고 답을 구하였다. 그렇다면 이번에는 은에 대한 금의 양이 7냥이라고 가정하고 답을 구하면 구슬은 5냥, 옥은 3냥이 되어 다음과 같이 새로운 답을 얻는다.

구슬 25냥, 이 값의 금은 5냥
은 49냥, 이 값의 금은 7냥
옥 27냥, 이 값의 금은 3냥

간단한 검증으로 이 답도 타당함을 알 수 있다. 이와 같은 답은 이외에도 많이 있다.

☞ 역자 주: 이 문제를 오늘날의 방식으로 풀어보자. 구슬의 값을 x냥, 은의 값을 y냥, 옥의 값을 z냥이라 하면, 문제의 조건에 의해 다음 연립방정식이 성립한다.

$$\begin{cases} x+y+z=101 \\ \dfrac{x}{5}+\dfrac{y}{7}+\dfrac{z}{9}=15 \end{cases}$$

분모를 없애고 z를 소거하면 다음을 얻는다.

$$28x+10y=1190$$

이것은 부정방정식으로서 식을 만족시키는 양수인 (x, y)는 많다. 유일한 답을 정하려면 다른 조건을 추가해야 한다.

【2-1-11】 지금 돈 999냥을 갖고 능비단과 라비단을 모두 합하여 1000필 사고자 한다. 다만 능비단은 9필에 11냥, 라비단은 7필에 4

냥이라고 한다. 각각 얼마씩 사면되는가?
今有銀九百九十九兩 共買綾羅一千匹 只云 綾九匹價一十一兩 羅七匹價四兩 問各若干

답 능비단 657필, 값 803냥
라비단 343필, 값 196냥
答曰 綾六百五十七匹 價八百三兩
羅三百四十三匹 價一百九十六兩

풀이 9필에 4냥을 곱하면 36이다. 또 7필에 11냥을 곱하면 77필이다. 큰 수에서 작은 수를 빼면 나머지가 41이고 이것을 법으로 한다. 또 가진 모든 돈에 7필과 9필을 모두 곱하고〔62937〕, 또한 1000필에 36을 곱하면〔먼저 라비단을 구하려면 77을 곱한다〕 36000이고 큰 수에서 작은 수를 빼어〔26937〕 얻는 수를 실로 하여 법으로 나누면 능비단을 얻고, 총수에서 이것을 빼면 라비단을 얻는다.
法曰 置九匹以四兩乘〔得三十六〕 又七匹以十一兩乘之〔七十七〕 以少減多餘〔四十一〕 爲長法 又列總銀 以七匹九匹相乘得六十三乘之〔得六萬二千九百三十七〕 另列一千匹 以三十六〔若先求羅則先用七十七〕 乘之〔得三萬六千〕 以少減多餘〔二萬六千七百三十七〕 爲實 以長法除之 得綾 以減總數得羅 合問

☞ 역자 주: 능비단과 라비단의 양을 각각 x와 y라 하면 다음 연립방정식을 세울 수 있다.

$$\begin{cases} x+y=1000 \\ \dfrac{11}{9}x+\dfrac{4}{7}y=999 \end{cases}$$

이것을 풀면 다음과 같다.

$$\frac{11\times7x-4\times9x}{9\times7}=999-\frac{4\times1000}{7}$$

$$x=\frac{999\times9\times7-4\times1000\times9}{11\times7-4\times9}$$

이것이 바로 풀이법에 제시된 과정과 일치하는 식이다.

【2-1-12】 지금 돈 45문이 있는데, 복숭아와 자두를 사고자 한다. 복숭아는 9개에 7문, 자두는 6개에 4문이다. 복숭아와 자두의 비가 3 대 1이 되게 한다면 복숭아와 자두의 개수 및 값은 각각 얼마인가?
今有錢四十五文 慾買桃李 而其桃九箇價七文 李六箇價四文 須令 三停桃一停李 問桃李及各價若干

답 복숭아 45개, 값 35문
자두 15개, 값 10문
答曰 桃四十五箇 價三十五文
李一十五箇 價一十文

풀이 복숭아 값 7문에 자두 6개를 곱하고 다시 3을 곱하여〔125이다〕 얻은 수를 두고, 다음에 자두 값 4문에 복숭아 9개를 곱하고〔36을 얻는다〕, 이 두 수를 합하여〔162를 얻는다〕 법으로 한다. 한편 돈 전부에 9개와 6개를 곱하면 2430을 얻고 이것을 실로 하여 법으로 나누면 자두의 개수를 얻고〔15개〕 이것을 3배하면 복숭아 개수〔45개〕를 알고 각각의 값을 구하면 된다.
法曰 置桃價七文 以李六乘之 再以三之〔得一百二十六〕 又置李價四文 以桃九乘之〔得三十六〕 二數併〔一百六十二〕爲法 另置總銀 以九箇六箇乘之 得二千四百三十爲實 以法除之得李〔一十五箇〕 三因得桃〔四十五箇〕 以求各價 合問

☞ 역자 주: 복숭아와 자두 한 개의 값은 각각 $\frac{7}{9}$문과 $\frac{4}{6}$문이고, 각각 x개와 y개를 산다면 다음과 같은 연립방정식이 성립한다.

$$\begin{cases} \frac{7}{9}x+\frac{4}{6}y=45 \\ x=3y \end{cases}$$

이것을 푸는 다음 과정에서 풀이 과정에 제시된 것과 일치하는 식을 얻는다.

$$\frac{7}{9}\times 3y+\frac{4}{6}y=45$$

$$\frac{7\times 3\times 6+4\times 9}{9\times 6}y=45$$

$$y=\frac{45\times 9\times 6}{7\times 3\times 6+4\times 9}$$

【2-1-13】 갑과 을 두 사람이 있다. 갑이 을에게 말하기를, 네가 너의 나이 8세를 나에게 주면 나의 나이는 너의 나이보다 너의 나이만큼 많다고 하였다.[38] 을이 갑에게 말하기를 네가 너의 나이 8세를 나에게 주면 너와 나는 나이가 같다고 하였다. 갑과 을의 나이는 각각 얼마인가?
今有甲乙二人 甲謂乙曰 我取汝年八歲 則多於汝一倍 乙謂甲曰 我取汝年八歲 則比汝適等 問各若干

답 갑 56세,　을 40세
答曰 甲五十六歲 乙四十歲

풀이 8세에 갑의 비율 7을 곱하면 갑의 나이이고 을의 비율 5를 곱하면 을의 나이를 얻는다. 〔갑 7, 을 5라는 것은 갑이 7이고 을이 5일 때 갑이 을에게서 1만큼 가져오면 갑은 8이고 을은 4가 되어 갑은 을의 2배이다. 또 을이 갑에게서 1만큼 가져오면 갑도 6이고 을도 6이 되어 서로 같다.〕
法曰 置八歲 以甲七分乘 得甲年 以乙五分乘得乙年〔甲七乙五者盖甲取乙一 則乃甲八乙四 故一倍也 乙取甲一 則乃乙六甲六 故適等也〕合問

☞ 역자 주: 갑과 을 두 사람의 나이를 각각 x, y라 하면, 다음 연립방정식을 세워 풀 수 있다.

$$\begin{cases} x+8=2(y-8) \\ x-8=y+8 \end{cases}$$

그러나 풀이법은 수의 독특한 성질을 이용하고 있다. 즉 두 수 7과 5의 성질, 즉 $7+1=2(5-1)$, $7-1=5+1$을 알고 있다는 가정 하에 이 성질을 써서 답을 구하고 있다. 따라서 이와 같은 수에 대한 상식이나 감각이 없는 사람은 풀이대로 풀 수 없다. 신학문이 도입되기 전, 이 문제를 몇 사람이나 이해하였는지 홍미로운 일이다.

☞ 역자 주: 두 수 a와 b에 대해 수 d가 존재하여 다음이 성립한다고 하자.

---

38) 갑의 나이는 을의 나이의 2배가 된다.

$$\begin{cases} a+d=2(b-d) \\ a-d=b+d \end{cases}$$

그러면 $a=7d$, $b=5d$이다. 위의 문제는 $d=8$일 때이다. $a=7d$, $b=5d$에서 보는 바와 같이 a와 b의 비는 7:5이다.

【2-1-14】 지금 맏형, 중형, 끝형의 세 형님이 있다. 맏형이 끝형에게 말하기를 너의 나이는 내 나이의 $\frac{3}{4}$이고 둘째의 나이는 나의 $\frac{5}{6}$이면서 너보다는 4살 많다고 하였다. 각각은 몇 살인가?
今有昆仲季三人 昆謂季曰 汝年紀比我四分之三 二弟年紀比我六分之五 多於汝四歲 問各年若干

답 맏형 48세, 중형 40세, 끝형 36세
答曰 昆四十八歲 仲四十歲 季三十六歲

풀이 갑의 비는 6, 을의 비는 5이다.[39] 따라서 갑과 병의 비는 병이 갑의 $\frac{3}{4}$이므로 병의 비는 갑을 6으로 할 때 6을 4로 나누고 3배하여야 한다. 즉 4분 반이다.[40] 을의 비에서 병의 비를 빼면 나머지가 5이고[41], 5로 4살을 나누면 8이다.[42] 이 8을 곱하는 수로 하여 각 비에 곱하면 된다.
法曰 以六分爲甲衰 以五爲乙衰 另列六分四歸三因 得四分半 爲丙衰 又乙衰 内減丙衰 餘五以除四歲 得八爲法 以乘各衰合問

별해 갑, 을, 병의 비가 6분, 5분, 4분 반이므로 각각 4세를 곱하고

39) 문제에서는 세 사람을 昆·仲·季로 나타내고, 풀이에서는 甲·乙·丙으로 표시하였다. 통일할 필요가 있다. 을의 나이가 갑의 나이의 $\frac{5}{6}$이므로 갑과 을의 비는 6:5이다.

40) 갑과 병의 비는 4:3이고 연비를 구하기 위해 갑을 6으로 생각하면 곧 $6:\frac{9}{2}$가 된다. 즉 갑:을:병$=6:5:\frac{9}{2}$이다.

41) 정확히 소수로 0.5이다.

42) 0.5로 4를 나누어 8이다.

다시 2배하면 역시 나이를 얻는다.
一法 列〔甲六分乙五分丙四分半〕 各以四歲乘 而倍之亦得

☞ 역자 주: 별해의 방법은 요컨대 연비에서 을과 병의 차이가 0.5인데 문제의 조건에서 그 값이 실제로 4가 되어야 하므로 각 항에 8을 곱해야 한다는 것이다.

☞ 역자 주: 갑의 나이를 x라 하면 을은 $\frac{5}{6}x$, 병은 $\frac{3}{4}x$이고, 다음이 성립한다.

$$\frac{5}{6}x=\frac{3}{4}x+4$$

이 식을 풀어 $x=48$을 구하고 나머지를 차례로 구하면 된다.

【2-1-15】 지금 갑, 을, 병 세 사람이 얼마인지 알 수 없는 돈을 서로 나누어 갖는다. 다만 병은 갑에 비해 $\frac{5}{7}$이고 을은 갑에 비해 $\frac{6}{8}$이며 병보다는 7냥이 많다고 한다. 각각 얼마씩인가?
今有甲乙丙三人 共分銀 不知其數 只云 丙比於甲七分之五 乙比於甲八分之六 多於丙七兩 問各若干

답 갑 196냥　　을 147냥　　병 140냥
答曰 甲一百九十六兩 乙一百四十七兩 丙一百四十兩

풀이 분자 5에 분모 8을 곱하면 40을 얻고 이것은 병의 비이다. 또 분자 6에 분모 7을 곱하면 42를 얻고 이것은 을의 비이다. 많은 것에서 작은 것을 빼면 나머지가 2이고 이것을 법으로 하자. 또 분모 7과 8을 서로 곱하면 56이고 이것은 갑의 비이다. 각 비의 수를 2로 나누어 얻은 수에 7을 곱하면 각각이 나누어 갖는 돈이 되어 끝난다.
法曰 置分子五 以分母八 互乘得四十 爲丙衰 又置分子六 以分母七 互乘得四十二 爲乙衰 以少減多餘二爲法 又分母七八相乘 得五十六 爲甲衰各以法二除之得數 以七兩乘之各得 合問

☞ 역자 주: 위의 풀이법은 분수로 나타낸 비를 자연수로 나타내는 방법을 설명하고 있다. 즉 $1:\frac{6}{8}:\frac{5}{7}$의 각 항에 분모의 최소공배수인 8×7을 곱하여 연비

56 : 42 : 40을 얻는다. 그리고 을과 병의 차이인 2를 7로 만들기 위해 각 항에 $\frac{7}{2}$을 곱하는 과정을 뜻한다.

【2-1-16】 지금 돈이 1308냥 있는데, 갑, 을, 병, 정, 무 다섯 사람이 이 돈을 나누어 갖는다. 다만 무는 정에 비해 $\frac{1}{3}$이고, 정은 병에 비해 $\frac{1}{4}$이고, 병은 을에 비해 $\frac{1}{5}$이고 을은 갑에 비해 $\frac{1}{6}$이라고 한다. 각각 얼마씩 나누어 갖는가?
今有銀一千三百八兩　令五人分之 只云 戊比丁三分之一 丁比丙四分之一 丙比乙五分之一 乙比甲六分之一 問各若干

답 갑 1080냥, 을 180냥, 병 36냥, 정 9냥, 무 3냥
答曰 甲一千八十兩 乙一百八十兩 丙三十六兩 丁九兩 戊三兩

풀이 1을 무의 비라고 하면 이것을 3배하여 3을 얻어 정의 비, 4배하여 12를 얻으면 이것은 병의 비, 5배하여 60을 얻으면 이것은 을의 비이고 6배하여 360을 얻으면 갑의 비이다. 이 다섯 수를 모두 합하면 436이고 이것을 법으로 하여 가진 돈을 나누면 무의 가진 돈이고 차차 각각의 비를 곱하면 된다.
法曰 置一爲戊衰 三之〔得三〕 爲丁衰 四之〔得一十二〕 爲丙衰 五之〔得六十〕 爲乙衰 六之〔得三百六十〕 爲甲衰 併五位共〔四百三十六〕 爲法以除總銀得戊 次次各分乘之 合問

☞ 역자 주: 다섯 사람의 비는 다음과 같다.

$$\text{갑} : \text{을} : \text{병} : \text{정} : \text{무} = 1 : \frac{1}{6} : \left(\frac{1}{6}\times\frac{1}{5}\right) : \left(\frac{1}{6}\times\frac{1}{5}\times\frac{1}{4}\right) : \left(\frac{1}{6}\times\frac{1}{5}\times\frac{1}{4}\times\frac{1}{3}\right)$$
$$= (6\times5\times4\times3) : (5\times4\times3) : (4\times3) : 3 : 1$$

【2-1-17】 지금 돈이 261냥 있는데, 갑, 을, 병, 정, 무 다섯 사람이 나누어 갖는다. 다만 무는 정에 비해 $\frac{5}{6}$이고, 정은 병에 비해 $\frac{4}{5}$이고,

병은 을에 비해 $\frac{3}{4}$이고, 을은 갑에 비해 $\frac{2}{3}$이라고 한다. 각각 얼마를 갖는가?
今有銀二百六十一兩　令五人分之 只云 戊比丁六分之五 丁比丙五分之四 丙比乙四分之三 乙比甲三分之二 問各若干

답 갑 90냥, 을 60냥, 병 45냥, 정 36냥, 무 30냥
答曰 甲九十兩 乙六十兩 丙四十五兩 丁三十六兩 戊三十兩

풀이 5를 무의 비라고 하면 정의 비는 6이다. 정의 비〔6〕를 4로 나누고 5배하면 7분 반이고 이것은 병의 비이다. 병의 비〔7분 반〕를 3으로 나누고 4배하면 10이고 이것은 을의 비이다. 또 을의 비〔10〕를 2로 나누고 3배하면 15이고 이것은 갑이 비이다. 이 다섯 수를 모두 합하여 43분 반을 얻고 이것을 법으로 하고, 가진 돈을 5배하여 1305를 얻어 이것을 실로 한다. 법으로 나누면 무가 가진 돈이 되고 6을 곱하고 5로 나누면 정이 가진 돈, 5를 곱하고 4로 나누면 병이 가진 돈, 4를 곱하고 3으로 나누면 을이 가진 돈, 3을 곱하고 2로 나누면 갑이 가진 돈이 된다.
法曰 以五爲戊衰 以六爲丁 又丁衰〔六〕 四歸五因得七分半爲丙衰 又丙衰〔七分半〕 三歸四因得十爲乙衰 又乙衰〔十〕 乃二歸三因 得十五 爲甲衰併五位 共得四十三分半 爲法列總銀五因 得一千三百五 爲實以法除之 得戊銀六因五歸得丁 五因四歸得丙 四因三歸得乙 三因二歸得甲 合問

☞ 역자 주: 앞의 문제나 이 문제는 모두 연비의 문제이다.

갑	을	병	정	무
			6 :	5
		5 :	4	
		7.5 :	6 :	5
	4 :	3		
	10 :	7.5 :	6 :	5
3 :	2			
15 :	10 :	7.5 :	6 :	5

이 비에 따라서 돈을 비례배분하면 된다.

☞ 역자 주: 갑, 을, 병, 정, 무의 비를 다음과 같이 구할 수 있다.

$$갑 : 을 : 병 : 정 : 무 = 1 : \frac{2}{3} : \frac{2}{3}\times\frac{3}{4} : \frac{2}{3}\times\frac{3}{4}\times\frac{4}{5} : \frac{2}{3}\times\frac{3}{4}\times\frac{4}{5}\times\frac{5}{6}$$

$$= 1 : \frac{2}{3} : \frac{2}{4} : \frac{2}{5} : \frac{2}{6}$$

$$= \frac{1}{2} : \frac{1}{3} : \frac{1}{4} : \frac{1}{5} : \frac{1}{6}$$

(분모들의 최소공배수 60을 곱하여)

$$= 30 : 20 : 15 : 12 : 10$$

이제 각 항의 합인 87로 261을 나눈 몫인 3을 각 항에 곱하면 구하는 답이다.

【2-1-18】 지금 갑, 을, 병, 정, 무 다섯 사람이 돈을 같은 차등을 두어 고르게 갖는다. 갑과 을은 71문을 차등을 두어 갖고, 정과 무는 53문을 같은 차등을 두어 고르게 갖는다. 병과 순차적인 차등은 얼마인가?
今有五人差等均錢 甲乙均七十一文 丁戊均五十三文 問丙及逐等各若干

답 갑 37문, 을 34문, 병 31문, 정 28문, 무 25문
答曰 甲三十七文 乙三十四文 丙三十一文 丁二十八文 戊二十五文

풀이 71문에 정과 무 두 사람이므로 2를 곱한다. 〔142를 얻는다.〕 또 53문에 갑과 을 두 사람이므로 2를 곱한다. 〔106을 얻는다.〕 위의 수를 많은 쪽에서 작은 것을 뺀다. 〔나머지는 36이다.〕 이것은 차등 하나로 실이다. 한편 갑, 을, 정, 무 네 명 4를 반으로 나누어〔2〕 이것을 5명에서 빼면 3명이다. 또 갑과 을 2명과 정과 무 2명에서 서로 곱하면 4가 되고 이것을 3에 곱하면 12이다. 이것을 법으로 하여 앞의 36을 나눈다.〔3문을 얻는다.〕 이것이 차등 하나이다. 갑과 을이 나누어 갖는 돈 71문에 3을 더하여 2로 나누면 갑이 갖는 돈이 나온다. 여기에서 3문씩 빼어 나가면 된다.
法曰 置七十一文 以丁戊二人互乘〔得一百四十二〕 又置五十三文 以甲乙二人互乘〔得一百六〕 以少減多〔餘三十六〕 爲一差之實 另併甲乙丁戊折半〔得二〕 以減於五人餘三 却以甲乙二乘丁戊二得四 以乘三得十二 爲法除實得

〔三文〕 是一差數 置甲乙均加〔三文〕 折半得甲 減差 合問

별해 갑과 을이 나누어 갖는 돈 71문에서 정과 무가 나누어 갖는 돈 53문을 빼면 18문이다. 〔이것은 차등이 6 있는 것과 같다.〕 6으로 나누면 역시 차등을 안다.
一法 均錢相減 餘十八文〔此差六數〕 六歸得差

☞ 역자 주: 별해의 방법은 무를 a, 공차를 d라 할 때, 갑, 을, 병, 정, 무는 각각 $a+4d$, $a+3d$, $a+2d$, $a+d$, a이므로 갑, 을의 합과 정, 무의 합의 차는 $6d$ 임을 이용한 것이다.

☞ 역자 주: 이 문제는 오늘날 방식으로 생각하면 등차수열의 문제이다. 공차를 의미하는 같은 차등을 d라 하면, 병의 몫을 a라 할 때 갑, 을, 병, 정, 무는 각각 $a+2d$, $a+d$, a, $a-d$, $a-2d$ 만큼씩 갖는다.
그런데 다음이 성립한다.

$$\begin{cases}(a+2d)+(a+d)=71\\(a-2d)+(a-d)=53\end{cases}$$

그러므로 이 식을 풀면, a=31, d=3이다. 즉 병의 몫이 31이고 같은 차등 3씩을 빼고 더해나가면 된다.
이하 네 문제에서도 마찬가지로 적용되고 있는 옛날 사람들의 해법 알고리즘이 매우 흥미롭다. 이 알고리즘을 정리하면 다음과 같다.

등차수열의 앞 n항의 합 S와 뒤 m항이 합 T가 주어졌을 때 공차 d를 구하는 방법:
1. S와 m의 곱을 구한다.
2. T와 n의 곱을 구한다.
3. 두 곱의 차를 구한다.
4. $n+m$의 반을 전체 항의 개수에서 뺀다.
5. n과 m을 곱하여 4단계에서 구한 수에 곱한다.
6. 이 수로 3단계에서 구한 수를 나누면 그것이 공차이다.

【2-1-19】 지금 갑, 을, 병, 정, 무, 기, 경 일곱 사람이 같은 차등을 두고 돈을 고루 나누어 갖는다. 갑과 을은 100냥을 나누어 갖고 무,

기, 경 세 사람은 96냥을 나누어 갖는다. 각각 얼마씩 갖는가?
今有七人分銀 甲乙均一百 戊己庚均九十六 問丙丁及逐等各若干

답 갑 52냥, 을 48냥, 병 44냥, 정 40냥,
무 36냥, 기 32냥, 경 28냥

答曰 甲五十二兩 乙四十八兩
丙四十四兩 丁四十兩
戊三十六兩 己三十二兩
庚二十八兩

풀이 100에 무, 기, 경 세 사람이므로 3을 곱한다.〔300〕 한편 96에 갑, 을 두 사람이므로 2를 곱한다.〔192를 얻는다.〕 큰 수에서 작은 수를 빼면 나머지〔108냥〕는 한 차등으로 실이다. 두 사람과 세 사람을 합하여〔5를 얻는다.〕 반으로 나누면 두 사람 반이다. 이것을 일곱 사람에서 빼면 네 사람 반이다. 또 2와 3을 곱하면 6이고 이것을 네 사람 반에 곱하여〔27을 얻는다.〕 얻은 수를 법으로 하여 앞의 108을 나눈다. 이때 4를 얻고 이것이 한 차등이다. 갑과 을이 100냥을 고루 나누니 여기에 4냥을 합하여 2로 나누면 갑이 가진 돈이다. 〔이하 차등을 빼 나가면 된다.〕

法曰 置一百以戊己庚三人乘 得〔三百〕 另置九十六以甲乙二人乘〔得一百九十二〕 以少減多 餘〔一百八兩〕 爲一差之實 併分母二三〔得五〕 折半〔得二人半〕 以減於總七人 餘四人半 却以二三相乘得六 以乘四人半〔二十七〕 爲法除實 得四兩 是一差數 置甲乙均 加差折半得甲〔遞減四兩〕 合問

별해 96냥을 3으로 나누면 기가 가질 돈을 얻는다. 〔경이 갖는 돈과 비교하면 본 1, 차 1인 수이다.〕 또 갑과 을이 나누어 갖는 100냥〔경이 갖는 돈과 비교하면 본 2, 차 11인 수이다.〕에서 기가 가질 돈의 2배를 빼면 나머지는 36냥〔차 9인 수이다.〕이고 9로 나누면 역시 차의 수를 얻는다.

一法 置〔九十六兩〕三歸得己銀〔比庚則本一差一數〕 置一百〔比庚則本二差十一〕 内減己銀倍數餘三十六〔此差九數〕九歸亦得差

☞ 역자 주: 별해의 방법은 다음과 같은 생각에서 비롯된다. 경의 몫을 a(본), 같은 차등을 d(차)라 하면, 갑, 을, 병, 정, 무, 기, 경의 몫은 각각 $a+6d$, $a+5d$, $a+4d$, $a+3d$, $a+2d$, $a+d$, a이다.

$$\begin{cases} 갑+을=100=2a+11d \\ 기=96\div 3=a+d \end{cases}$$

이것을 풀기 위해 기를 두 배하여 빼면 다음과 같다.

$9d=36$

$d=4$

즉, 공차 4를 얻는다.

【2-1-20】 지금 9사람이 돈을 같은 차등을 두어 나누어 갖는다. 갑, 을 두 사람은 3냥을 나누어 갖고 경, 신, 임 세 사람은 2냥을 고르게 나누어 갖는다. 모두 각각 얼마씩 갖는가?

今有九人分銀 甲乙均三兩 庚辛壬均二兩 問各若干

답 갑 $1\frac{22}{39}$냥 을 $1\frac{17}{39}$냥 병 $1\frac{12}{39}$냥

정 $1\frac{7}{39}$냥 무 $1\frac{2}{39}$냥 기 $\frac{36}{39}$냥

경 $\frac{31}{39}$냥 신 $\frac{26}{39}$냥 임 $\frac{21}{39}$냥

答曰 甲一兩三十九分兩之二十二
乙一兩三十九分兩之一十七
丙一兩三十九分兩之一十二
丁一兩三十九分兩之七
戊一兩三十九分兩之二
己三十九分兩之三十六
庚三十九分兩之三十一
辛三十九分兩之二十六
壬三十九分兩之二十一

풀이 갑과 을 두 사람이므로 2에 2냥인 2를 곱하면 4를 얻고, 경, 신, 임 세 사람이므로 3에 3냥인 3을 곱하면 9를 얻는다. 많은 수에서 작

은 수를 빼면 5이고 이것은 등차수로 실이다. 한편 2사람, 3사람을 곱하면 6이고, 또 2사람 3사람을 합하여 2로 나누면 2사람 반이다. 이것을 9사람에게서 빼면 6사람 반이고 앞에서 얻은 6을 곱하면 39이다. 이 39로 앞에 있는 5를 나누면 이 수가 등차수이다. 즉 등차수는 $\frac{5}{39}$냥이다. 갑의 몫을 구하기 위하여 3냥에 $\frac{5}{39}$냥을 더하여 2로 나누면 $1\frac{22}{39}$냥이다. 갑에서 순차적으로 등차수를 빼 가면 각각의 몫을 알 수 있다.

法曰 置甲乙二人 以二兩乘得四又 庚辛壬三人 以三兩乘得九 以少減多 餘五此逐等差數 另二人三人相乘 得六爲乘法 又倂二人三人折半 得二人半 以減於總九人 餘六人半 以乘法六乘之 得三十九〔此乃一兩分母〕 以此爲法爲實自除 得一兩列三十九 以三兩乘得〔一百十七〕加差五折半〔得六十一〕 以分母除之得一兩 三十九分兩之二十二是甲得數 遞減差五 合問

☞ 역자 주: 이 문제를 앞의 문제의 별해의 방법으로 생각하여 보자. 경, 신, 임 세 사람이 나누는 2냥을 3으로 나누어 얻은 $\frac{2}{3}$냥은 신이 갖는 몫이다. 이것은 본 1, 차 1로 되어 있다. 또 갑, 을이 나누는 3냥은 본 2, 차 15로 되어 있다. 따라서 신의 몫을 2배하여 3냥에서 빼면 $\frac{5}{3}$냥이고 이것은 차 13이다. 따라서 차 1은 $\frac{5}{3}$냥을 13으로 나눈 $\frac{5}{39}$냥이다.

【2-1-21】 지금 대나무가 12마디 있다. 아래 4마디에는 쌀을 9되 담을 수 있고 위 4마디에는 쌀을 5되 담을 수 있다. (대의 각 마디에 쌀이 등차수로 들어간다고 생각할 때)43) 각 마디에 각각 얼마의 쌀이 들어가는가?

今有竹十二節 下四節容米九升 上四節容米五升 問中四節及逐等容米各若干

43) 문제에는 이와 같은 조건이 없으나 이와 같은 조건 하에 문제가 풀린다.

답 제 1마디 $2\frac{56}{128}$되 제 2마디 $2\frac{40}{128}$되

제 3마디 $2\frac{24}{128}$되 제 4마디 $2\frac{8}{128}$되

제 5마디 $1\frac{120}{128}$되 제 6마디 $1\frac{104}{128}$되

제 7마디 $1\frac{88}{128}$되 제 8마디 $1\frac{72}{128}$되

제 9마디 $1\frac{56}{128}$되 제 10마디 $1\frac{40}{128}$되

제 11마디 $1\frac{24}{128}$되 제 12마디 $1\frac{8}{128}$되

答曰 第一節二升一百二十八分升之五十六
第二節二升一百二十八分升之四十
第三節二升一百二十八分升之二十四
第四節二升一百二十八分升之八
第五節一升一百二十八分升之一百二十
第六節一升一百二十八分升之一百四
第七節一升一百二十八分升之八十八
第八節一升一百二十八分升之七十二
第九節一升一百二十八分升之五十六
第十節一升一百二十八分升之四十
第十一節一升一百二十八分升之二十四
第十二節一升一百二十八分升之八

풀이 아래 4마디에 5되를 곱하면 20을 얻고 위 4마디에 9되를 곱하면 36을 얻는다. 큰 수에서 작은 수를 빼면 16이다. 〔이 수가 등차수로 나누어진다.〕 한편 위, 아래 4마디를 각각 곱하면 16이고 또, 위, 아래 4마디를 합하여 2로 나누면 4이므로 이것을 12에서 빼면 8이다. 앞의 16을 곱하면 128을 얻는다. 이 수를 법으로 하여 앞의 16을 나누면 $\frac{16}{128}$이 등차수이다. 지금 제 1마디에 들어가는 쌀을 구하기 위하여 9되에 등차수에 6을 곱한 수를 합하여야 한다. 그러면 $\frac{1248}{128}$되를 얻고

다시 이것을 4로 나누어 $2\frac{56}{128}$되를 얻는다. 여기에서 차례로 $\frac{16}{128}$되를 빼면 각각에 들어가는 쌀의 양이다.

法曰 置下四節 以五升互乘 得二十 又上四節 以九升互乘 得三十六 以少減多 餘十六〔是逐節差數〕 另以上下四節相乘得十六爲乘法 又倂上下節 得八折半得四 以減於十二節餘八以乘法十六乘之得一百二十八〔一升分母〕 爲法 另列一百二十八 以下四節 容米九升乘得一千一百五十二 加九十六〔乃逐節差六因數〕 共得一千二百四十八 以下四節除之 得第一節所容三百十二分 以分母除之 得二升一百二十八分升之五十六 遞減逐節差 合問

☞ 역자 주: 이 문제를 별해로 풀면 다음과 같다. 아래 4마디는 첫째 항 4, 공차가 38개 있다. 위 4마디는 첫째 항 4, 공차가 6개 있다. 따라서 9되에서 5되를 빼면 4되이고 이것은 공차가 32개 있다. 즉 공차는 $\frac{4}{32}$되, 약분하여 $\frac{1}{8}$되이다. 앞에서 한 바와 같이 9되에 $\frac{1}{8}$되를 6배하여 합하여 4로 나누면 제 1마디에 들어가는 쌀의 양이다.

【2-1-22】 지금 자, 축, 인, 묘, 진, 사, 오, 미, 신, 유, 술, 해 12명의 사람이 쌀을 차등을 두어 고르게 나눈다. 자, 축, 인, 묘 4사람은 558섬을 고르게 나누고 미, 신, 유, 술, 해 5사람은 435섬을 고르게 나누어 갖는다. 이때 각 사람이 나누어 갖는 쌀의 양은 각각 얼마인가?
今有十二人 差等分米 子丑寅卯均五百五十八石 未申酉戌亥均四百三十五石 問辰巳午及各得若干

답 자 150섬, 축 143섬
인 136섬, 묘 129섬
진 122섬, 사 115섬
오 108섬, 미 101섬
신 94섬, 유 87섬
술 80섬, 해 73섬

答曰 子一百五十石 丑一百四十三石

寅一百三十六石	卯一百二十九石
辰一百二十二石	巳一百一十五石
午一百八石	未一百一石
申九十四石	酉八十七石
戌八十石	亥七十三石

풀이 558섬에 아래에 있는 5사람을 곱하면 2790이다. 또 435섬에 위에 있는 4사람을 곱하면 1740이다. 많은 수에서 작은 수를 빼면 나머지가 1050〔이것은 1차로 실이다.〕이다. 4와 5를 합하면 9이고 2로 나누면 4사람 반이다. 이것을 12명에서 빼면 7사람 반이다. 또 4와 5를 곱하면 20이고 여기에 7사람 반을 곱하면 150이다.〔이것은 1차를 구하기 위한 법이다.〕 따라서 앞의 1050을 150으로 나누면 1차인 7을 얻는다. 각 사람의 몫을 구하기 위하여 자의 몫부터 구한다. 자는 3차, 축은 2차, 인은 1차가 묘보다 많으므로 모두 합하면 6차이고 1차가 7섬이므로 42섬이다. 이것을 558섬에 합하면 600섬이며 4사람으로 나누면 자의 몫 150섬을 얻는다. 여기에서 1차인 7섬을 차례로 빼면 모든 사람의 몫을 알 수 있다.

法曰 置五百五十八石 以下五人乘得〔二千七百九十〕 又四百三十五石 以上四人乘得〔一千七百四十〕 以少減多 餘一千五十〔一差之實〕 併分母四五得九 折半得四人半 以減於十二人 餘七人半却以分母四五相乘 得二十乘之 得一百五十〔一差之法〕 爲法除實得七石〔逐等差數〕 又置子三丑二寅一 得六分以乘七石 得四十二添入五百五十八石 共得六百石 以四人除之 得子一百五十石 遞減差七石 合問

☞ 역자 주: 이 문제를 앞에 있는 별해와 같이 생각하여 보자. 아래 다섯 명의 몫인 435섬을 5로 나누면 유의 몫인 87섬이 얻어진다. 이것은 해의 몫을 본 1로 할 때 본 1에 차수 2와 같다. 위 네 사람의 몫을 해의 몫을 본 1로 할 때, 본 4에 차수 38이다. 따라서 유의 몫을 4배하여 위 네 사람의 몫에서 빼면 차수 30이 얻어지고 이것이 210섬과 같으므로 1차수는 7섬이다. 위의 몫에서 2차수 14섬을 빼면 해의 몫 73섬이다. 순차적으로 7섬을 합하여 가면 모든 사람의 몫을 구할 수 있다.

2 차등균배문 18문제(差等均配門 十八問)

'차등균배문'은 <구장산술>의 '쇠분'과 관련되어, 주어진 물건의 양을 정해진 비에 따라 나누는 문제를 다룬다.

【2-2-1】 지금 갑, 을, 병 세 사람이 돈 96냥을 나누는데 갑은 4, 을은 3, 병은 1의 비율이다. 각각 얼마씩 갖는가?
今有甲乙丙分銀九十六兩 須令甲四乙三丙一分之 問各若干

답 갑 48냥, 을 36냥, 병 12냥
答曰 甲四十八兩 乙三十六兩 丙一十二兩

풀이 96냥을 실로 하고 갑 4, 을 3, 병 1을 모두 합하면 8을 얻어 이것을 법으로 하여 나누면 병이 갖는 돈을 얻고, 이 돈을 4배하면 갑이 갖는 돈, 3배하면 을이 갖는 돈이다.
法曰 置九十六兩爲實 併甲四乙三丙一 爲法除之 得丙銀 四因得甲銀 三因得乙銀 合問

☞ 역자 주: 96냥 중 갑, 을, 병의 몫은 각각 전체의 $\frac{4}{8}, \frac{3}{8}, \frac{1}{8}$이다.

【2-2-2】 지금 갑, 을, 병 세 사람이 돈 100냥을 나눈다. 다만 을은 갑의 $\frac{7}{8}$이나 병보다는 10냥이 많다고 한다. 각각 얼마씩 갖는가?
今有甲乙丙共分銀一百兩 只云 乙如甲八分之七 却多如丙十兩 問各若干

답 갑 40냥, 을 35냥, 병 25냥
答曰 甲四十兩 乙三十五兩 丙二十五兩

풀이 100냥에 10냥을 더하면 110냥이고 이것을 실로 한다. 또 22를 법으로 하여 나누면 5냥을 얻고 이것을 8배하면 갑이 갖는 돈, 7배하면 을이 갖는 돈이고 을이 갖는 돈에서 10냥을 빼면 병이 갖는 돈이다.

〔22라는 수는 갑이 8일 때 을이 7, 병이 7이기 때문이다. 병이 7인 것은 10냥을 더하였기 때문이다.〕
法曰 置一百兩加入十兩共一百十兩爲實 以二十二爲法除之 得五兩 八因得甲 七因得乙 內減十兩得丙〔二十二者 乃甲八乙七丙七也 丙七者添十兩故也〕合問

☞ 역자 주: 갑의 몫을 $8x$, 을의 몫을 $7x$라 할 때 병의 몫은 $7x-10$이고 이 합이 100이므로 다음 식이 성립한다.

$$8x+7x+(7x-10)=100$$

따라서 갑, 을, 병이 100+10을 8:7:7로 나누는 것으로 생각하여 110의 $\frac{8}{22}$과 $\frac{7}{22}$이 갑과 을의 몫이고, 을의 몫에서 10을 빼면 병의 몫을 얻는다.

【2-2-3】 지금 갑, 을, 병, 정, 네 사람이 모여서 동업을 시작할 때 갑은 72냥을 출자하고 을은 63냥을 출자하고 병은 54냥을 출자하고 정은 45냥을 출자하였다. 사업을 하여 원금과 이윤 모두 합하여 351냥이 되어 원금은 제외하고 이윤만 나누고자 한다. 얼마씩 배당되는가?
今有甲乙丙丁合夥同商 甲出七十二兩 乙出六十三兩 丙出五十四兩 丁出四十五兩 本利共得三百五十一兩 問除本銀外分息若干

답 갑 36냥, 을 31냥 5전, 병 27냥, 정 22냥 5전
答曰 甲三十六兩 乙三十一兩五錢 丙二十七兩 丁二十二兩五錢

풀이 원금과 이윤을 합한 돈에서 원금을 빼면 이윤만 117냥이다. 원금 234냥으로 나누면 5전을 얻고 여기에 각자 출자한 돈을 곱하면 된다.
法曰 置總銀內減本銀餘 利一百十七兩 以本銀二百三十四兩 爲法除之 得五錢 以乘各人原出 合問

☞ 역자 주: 이 방법은 이윤 117냥이 원금 234냥의 $\frac{1}{2}$이므로 각각의 출자액에 $\frac{1}{2}$을 곱한 것이다. 또는 이윤 117을 출자액의 비 72:63:54:45 = 8:7:6:5로

비례배분하여도 마찬가지 결과를 얻는다.

【2-2-4】 지금 돈 299냥 5전 4푼 6리 8호 7사 5홀[44]을 9명의 사람이 4 : 6의 비율로 출자한다[45]. 각각 얼마씩인가?
今有銀二百九十九兩五錢四分六厘八毫七絲五忽 令九等人四六出之 問各該若干

답 갑 102냥 5전 1푼 5리 6호 2사 5홀
을 68냥 3전 4푼 3리 7호 5사
병 45냥 5전 6푼 2리 5호
정 30냥 3전 7푼 5리
무 20냥 2전 5푼
기 13냥 5전
경 9냥
신 6냥
임 4냥

答曰 甲一百二兩五錢一分五厘六毫二絲五忽
乙六十八兩三錢四分三厘七毫五絲
丙四十五兩五錢六分二厘五毫
丁三十兩三錢七分五厘
戊二十兩二錢五分
己十三兩五錢
庚九兩
辛六兩
壬四兩

풀이 돈의 총액을 실로 한다. 임의 비율을 4라고 가정하면 차례로 1.5

44) 1권에서 이미 설명했듯이 푼, 리, 호, 사, 홀은 소수를 표기하는 방법이다. 즉 299냥 5전 4푼6리 8호 7사 5홀이란 299냥 5.46874전을 뜻한다. 본서에서는 옛 방식을 그대로 따라 적고자 한다.

45) 갑, 을, 병, 정, 무, 기, 경, 신, 임 9사람이 있을 때 바로 앞 사람과 뒤 사람의 비가 항상 6 : 4라는 것을 뜻한다.

를 곱하여 신, 경, 기, … 등의 다른 사람들의 비율도 알 수 있다. 〔임 4, 신 6, 경 9, 기 13.5, 무 20.25, 정 30.375, 병 45.5625, 을 68.34375, 갑 102.515625〕 이들의 비율을 모두 합하면 299푼 5리 4호 6사 8홀 7미 5섬이고 이것을 법으로 하여 나누면 1냥을 얻어 각 사람의 비율을 곱하면 된다.

法曰 置總銀爲實 以四爲壬衰 次次加五[46] 得各衰〔壬四 辛六 庚九 己十三分五 戊二十分二五 丁三十分三七五 丙四十五分五六二五 乙六十八分三四三七五 甲一百二分五一五六二五〕 倂得二百九十九分五厘四毫六絲八忽七微五纖 爲法除之 得一兩以乘各衰 合問

【2-2-5】 지금 돈 524286냥을 9명이 2 : 8의 비[47]로 출자하려 한다. 각자 얼마씩 내면 되는가?

今有銀五十二萬四千二百八十六兩 令九等人 二八出之 問各若干

답 갑 393216냥
을 98304냥
병 24576냥
정 6144냥
무 1536냥
기 384냥
경 96냥
신 24냥
임 6냥

答曰 甲三十九萬三千二百一十六兩
乙九萬八千三百四兩
丙二萬四千五百七十六兩
丁六千一百四十四兩
戊一千五百三十六兩
己三百八十四兩

46) 加五는 신외가법을 말하는 것으로, 1.5를 곱하여 다음 사람의 비율을 얻는다.
47) 문제 2-2-4와 마찬가지로 갑, 을, …, 임 9사람이 바로 앞 사람과 8:2의 비라는 것을 의미한다.

庚九十六兩
辛二十四兩
壬六兩

풀이 돈의 총액을 실로 하고 임의 비율을 2로 가정한다. 차차 4를 곱하여 가면48) 모든 사람의 비율을 알 수 있다. 〔임 2, 신, 8, 경 32, 기 128, 무 512, 정 2048, 병 8192, 을 32768, 갑 131072〕 모두 합하면 174762이므로 이것을 법으로 하여 나누면 3냥을 얻는다. 여기에 각 사람의 비율을 곱하면 된다. 〔임의 비율을 임의로 정하고 차차 4배하여 나가도 역시 모든 사람의 비율을 얻는다.〕
法曰 置總銀爲實以二爲壬衰次次四因得各衰〔壬二 辛八 庚三十二 己一百二十八 戊五百十二 丁二千四十八 丙八千一百九十二 乙三萬二千七百六十八 甲十三萬一千七十二〕 併得十七萬四千七百六十二 爲法除之得三兩 以乘各衰 合問〔或得壬數次次四因亦得〕

【2-2-6】 지금 라비단 9954필을 갑, 을, 병 세 사람에게 3 : 7의 비로 나누어 갖게 한다. 각각 얼마씩 갖는가?
今有羅九千九百五十四匹 甲乙丙三七分之 問若干

답 갑 6174필
을 2646필
병 1134필
答曰 甲六千一百七十四匹
乙二千六百四十六匹
丙一千一百三十四匹

풀이 라비단의 총수를 실로 하고 별도로 7을 두 번 곱하면 〔세 사람 또는 세 개의 물건의 비일 때는 두 번 곱하고, 네 사람 또는 네 개의 물건의 비일 때는 세 번 곱하고 9명 또는 9개의 물건의 비일 때는 8번을 곱한다.〕 갑의 비율 49를 얻는다. 이것을 3배하고 7로 나누면 을의 비

48) 원래는 8배하고 2로 나누는 것이나 결국 4배하는 것과 같다.

율 21을 얻고 다시 이것을 3배하고 7로 나누면 병의 비율 9를 얻는다. 이 세 비율을 모두 합하면 79이고 이것을 법으로 하여 나누면 126필을 얻는다. 여기에 각 사람의 비율을 곱하면 된다. 〔혹은 갑의 비율을 임의로 정하여 이것을 차차 3배하고 7로 나누면 을과 병의 비율을 역시 얻을 수 있다.〕

法曰 置總羅爲實 別置一筭以七爲法 乃二次乘之〔三位則二次乘之 四位則三次 九位則八次 餘倣此〕 得甲衰四十九 三因七歸得乙衰二十一 又三因七歸得丙衰九 倂得七十九爲法除之得一百二十六匹 以乘各衰 合問〔或甲得數次次三因七歸亦得〕

별해 3을 곱하는 수로 하여 두 번 곱한다. 〔세 사람 또는 세 가지 물건이면 두 번 곱하고, 네 사람 또는 네 가지 물건이면 세 번 곱하고 9사람 또는 9개 물건이면 8번을 곱한다.〕 끝 사람 병의 비율인 9를 얻는다. 이것을 7배하고 3으로 나누면 을의 비율인 21을 얻고 또 7배하고 3으로 나누면 갑의 비율인 49를 얻는다. 이 비율을 모두 합하면 79이고 이것으로 라비단의 총수를 나누면 126필이다. 여기에 각자의 비율을 곱하면 된다. 〔병의 비율을 임의로 정하고 차차 7배하고 3으로 나누면 역시 각 사람의 비율을 얻는다.〕

一法 置一筭以三爲法 二次乘之〔三位則二次乘之 四位則三次 九位則八次 餘倣此〕 得未位卽丙衰九 乃七因三歸得乙衰二十一 又七因三歸得甲衰四十九 倂得七十九爲法 除總羅得一百二十六匹 以乘各衰亦得〔或丙得數次次 七因三歸亦得〕

☞ 역자 주: 갑, 을, 병, 세 사람이 3 : 7이라는 것은 연비로 갑 : 을 : 병 = $1:\frac{3}{7}:\left(\frac{3}{7}\right)^2=7^2:7\times3:3^2$이다. 9사람이 3 : 7이라는 것은 다음을 의미한다.

$$\begin{aligned}&\text{갑:을:병:정:무:기:경:신:임}\\ =\ &7^8:7^7\times3:7^6\times3^2:7^5\times3^3:7^4\times3^4:7^3\times3^5:7^2\times3^6:7\times3^7:3^8\end{aligned}$$

이것은 본 책의 범례 1.에 있는 3·7차분의 내용으로, 위 풀이는 갑의 비율이 7^2인 것으로부터, 별해는 병의 비율이 3^2인 것으로부터 시작한 것이다.

【2-2-7】 지금 쌀 20166962섬을 9명의 사람에게 3:7의 비율로 나누어 갖게 하였다. 각각 얼마씩 갖는가?
今有米二千一十六萬六千九百六十二石 令九等人三七分之 問各若干

답 갑 11529602섬
을 4941258섬
병 2117682섬
정 907578섬
무 388962섬
기 166698섬
경 71442섬
신 30618섬
임 13122섬
答曰 甲一千一百五十二萬九千六百二石
乙四百九十四萬一千二百五十八石
丙二百一十一萬七千六百八十二石
丁九十萬七千五百七十八石
戊三十八萬八千九百六十二石
己一十六萬六千六百九十八石
庚七萬一千四百四十二石
辛三萬六百一十八石
壬一萬三千一百二十二石

풀이 7을 8번 곱하면 갑의 비율〔5764801〕, 여기에서 차차 3배하고 7로 나누면 을의 비율〔2470629〕, 병의 비율〔1058841〕, 정의 비율〔453789〕, 무의 비율〔194481〕, 기의 비율〔83349〕, 경의 비율〔35721〕, 신의 비율〔15309〕, 임의 비율〔6561〕을 얻는다. 이 9개의 수를 모두 합하면 10083481이고 이것을 법으로 하여 쌀의 총량을 나누면 2섬을 얻어 여기에 각 사람의 비율을 곱하면 각 사람이 갖는 쌀의 양을 얻는다.
法曰 置一以七爲法 八次乘之得甲〔註五百七十六萬四千八百一衰〕 次次三因七歸 得乙〔註二百四十七萬六百二十九衰〕 丙〔註一百五萬八千八百四十一

衰〕 丁〔註四十五萬三千七百八十九衰〕 戊〔註一十九萬四千四百八十一衰〕 己〔註八萬三千三百四十九衰〕 庚〔註三萬五千七百二十一衰〕 辛〔註一萬五千三百九衰〕 壬〔註六千五百六十一衰〕 九位倂之共得一千八萬三千四百八十一 爲法以除總米得二石 以乘各衰 合問

별해 3을 8번 곱하면 임의 비율〔6561〕을 얻고 여기에서 차차 7배하고 3으로 나누면 신의 비율〔15309〕, 경의 비율〔35721〕, 기의 비율〔저자 주 83349〕, 무의 비율〔194481〕, 정의 비율〔주:453789〕, 병의 비율〔1058841〕, 을의 비율〔2470629〕, 갑의 비율〔5764801〕을 얻고 9개의 수를 모두 합하면 10083481이 되어 이것을 법으로 하여 쌀의 총량을 나누면 2섬이다. 여기에 각 사람의 비율을 곱하면 각 사람이 갖는 쌀의 양을 얻는다.
一法 置一以三爲法 八次乘之 得壬〔六千五百六十一〕 次次七因三歸 得辛〔一萬五千三百九〕 庚〔三萬五千七百二十一〕 己〔八萬三千三百四十九〕 戊〔一十九萬四千四百八十一〕 丁〔四十五萬三千七百八十九〕 丙〔一百五萬八千八百四十一〕 乙〔二百四十七萬六百二十九〕 甲〔五百七十六萬四千八百一〕 九位倂之共得一千八萬三千四百八十一爲法 以除總米 得二石 以乘各衰亦得

☞ 역자 주: 앞 문제와 동일하게 3·7차분의 방법으로 풀고 있다.

【2-2-8】 지금 쌀 252섬을 사람 7명이 차등을 두어 나누어 갖는다. 다만 갑, 을, 병 세 사람이 나누어 갖는 쌀의 양과 정, 무, 기, 경 네 사람이 나누어 갖는 양이 서로 같다고 한다. 각각 얼마씩 갖는가?
今有米二百五十二石 令七等人分之 只云 甲乙丙數與丁戊己庚數同 問各若干

답 갑 45섬, 을 42섬, 병 39섬, 정 36섬, 무 33섬, 기 30섬, 경 27섬
答曰 甲四十五石 乙四十二石 丙三十九石 丁三十六石 戊三十三石 己三十石 庚二十七石

풀이 쌀의 총량을 실로 한다. 7명의 비율을 먼저 갑 7, 을 6, 병 5, 정 4, 무 3, 기 2, 경 1로 가정하여 본다. 갑 7, 을 6, 병 5를 합하면 18이고 또 정 4, 무 3, 기 2, 경 1을 합하면 10이다. 큰 수에서 작은 수를 빼면 8이 남고 앞에 가정한 7명의 비율에 8을 더하면 갑 15, 을 14, 병 13, 정 12, 무 11, 기 10, 경 9이다. 모두 합하면 84이고 이것을 법으로 하여 앞의 쌀의 총량을 나누면 3섬이다. 여기에 각 사람의 비율을 곱하면 된다.

法曰 置總米爲實 列〔甲七 乙六 丙五 丁四 戊三 己二 庚一〕 乃併〔甲七 乙六 丙五〕 得十八 又併〔丁四 戊三 己二 庚一〕 得十 以少減多 餘八 却於前七人衰內各各添八得〔甲十五 乙十四 丙十三 丁十二 戊十一 己十 庚九〕 併得〔註八十四〕 爲法 除實得〔三石〕 以乘各人所得數合問

별해 〔쌀의 총량을 7로 나누면 정이 갖는 쌀의 양이고 또 쌀 총량의 반을 3으로 나누면 을이 갖는 쌀의 양이다. 을이 갖는 쌀의 양에서 정이 갖는 쌀의 양을 빼면 얻어지는 쌀의 양이 있다. 이 양의 반이 등차인 3섬이다. 여기에서 더하거나 빼면 각자의 쌀의 양을 안다.〕

一法 〔置總米七歸得丁 又總米折半三歸得乙 乃乙丁相減餘折半 得差三石次次加減亦得〕

☞ 역자 주: 이 문제는 등차수열의 문제이다. 따라서 앞에 있는 귀천차분문에 있는 문제 풀이 방법을 적용하는 것이 원칙일 것이다. 여기에 있는 풀이 방법은 특수한 경우의 문제, 즉 "세 항의 합이 네 항의 합과 같다."는 조건이 있는 문제에 적용되는 것으로, 첫째 항(여기에서는 27섬)이 공차(여기에서는 3섬)의 배수가 되는 경우이다. 일반적으로 "k개의 항의 합이 $k+1$개의 항의 합과 같다."는 특수한 조건이 있으면, 각 항을 a와 d로 나타내어 더하여 등식을 세워 간단히 하면 $a=kd$ 꼴이 되어 첫째 항 a는 공차 d의 배수임을 알 수 있다. 그러면 각 항의 비가 $n+1$, $n+2$, $n+3$, $n+4\cdots$ 인 꼴이 되어 본 문제의 해법이 가능하다. 아마도 저자가 답을 미리 만들어 놓고 문제를 여기에 맞추어 해법을 고안한 것 같다.

☞ 역자 주: 별해에서 정과 을의 양을 생각한 방법은 다음과 같다: 정이 등차수열의 가운데 항이고 항이 7개이므로 정의 양은 쌀의 총량의 $\frac{1}{7}$이다. 또 을은

세 항 갑, 을, 병의 가운데 항이고 갑, 을, 병의 양이 쌀 총량의 반이므로 을의 양은 쌀의 총량의 $\frac{1}{6}$ 이다.

【2-2-9】 지금 견이 4088필 있다. 9명의 사람에게 차차 절반씩 감하는 방법으로 나누어주면 각각 얼마씩 갖는가?
今有絹四千八十八匹 九人次次減半分之 問各若干

답 갑 2048필, 을 1024필, 병 512필, 정 256필, 무 128필,
기 64필, 경 32필, 신 16필, 임 8필

答曰 甲二千四十八匹 乙一千二十四匹
丙五百一十二匹 丁二百五十六匹
戊一百二十八匹 己六十四匹
庚三十二匹 辛一十六匹
壬八匹

풀이 끝에 있는 사람 임의 비율을 1로 하면 신 2, 경 4, 기 8, 무 16, 정 32, 병 64, 을 128, 갑 256이 되어 모두 합하면 511이다. 이것을 법으로 하여 견의 총량을 나누면 8필을 얻고 이것이 바로 임이 갖는 견의 양이다. 차차 2배를 하면 각 사람의 몫이 된다.
法曰 列壬一 辛二 庚四 己八 戊十六 丁三十二 丙六十四 乙一百二十八 甲二百五十六 併得五百一十一爲法 除總絹得壬八匹 遞倍至甲 合問

☞ 역자 주: 이것은 항이 9개, 공비가 2인 등비수열의 합이 4088일 때 첫째 항(임의 몫 a)을 구하는 문제이다.

$$a\frac{(2^9-1)}{2-1}=4088$$

$$a=\frac{4088}{511}=8$$

이것을 2배씩 해 나가면 각 사람의 몫을 구한다.

【2-2-10】 지금 돈 49500냥을 아들 9명에게 장자, 차자, 3자, …

순서에 의하여 일정한 차액을 두어 나누어 갖게 하였다. 각각 얼마씩 갖는가?
今有 銀四萬九千五百兩 令九子依等挨次分之 問各若干

답 장자 9900냥, 차자 8800냥, 3자 7700냥, 4자 6600냥, 5자 5500냥, 6자 4400냥, 7자 3300냥, 8자 2200냥, 9자 1100냥

答曰 長子九千九百兩 次子八千八百兩
三子七千七百兩 四子六千六百兩
五子五千五百兩 六子四千四百兩
七子三千三百兩 八子二千二百兩
九子一千一百兩

풀이 1, 2, 3, 4, 5, 6, 7, 8, 9를 모두 합하면 45이고 이것을 법으로 하여 돈의 총 액수를 나누면 9자가 갖는 돈의 액수 1100냥을 얻는다. 여기에 1배씩 더해 가면 각 아들이 갖는 돈의 액수를 알 수 있다.
法曰 列一二三四五六七八九 併得四十五爲法 除總銀得九子所得一千一百兩 遞加一倍 合問

별해 돈의 총 액수를 9로 나누면 다섯 번째 5자[49]가 갖는 돈의 액수인 5500냥을 얻는다. 이것을 5로 나누면 아홉 번째 9자가 갖는 돈의 액수이다. 여기에 각자의 비율을 곱하면 각자의 갖는 돈의 액수를 알 수 있다.
一法 置總銀九歸 得第五子所得數五千五百兩 就以五歸得第九子所得數 以乘各衰亦得

☞ 역자 주: 풀이를 보면 문제에서 말한 일정한 차액이 9자의 몫과 같다는 조건이 첨가되어야 한다. 즉 조건불비의 문제이다.

☞ 역자 주: 등차수열의 첫째 항 9자의 몫을 a라 하면 공차 역시 a라는 조건 하에, 9자～장자의 몫은 차례로 a, $2a$, $3a$, $\cdots$, $9a$이다. 그 합 $45a=49500$으로 구한

49) 등차수열의 가운데 항이다.

것이 풀이의 방법이고, $\frac{45a}{9}=5a$를 5자의 몫, $\frac{5a}{5}=a$를 9자의 몫으로 생각한 것이 별해의 방법이다.

【2-2-11】 지금 갑이 얼마인지 모르는 양의 쌀을 6섬 들어가는 작은 쌀 창고에 저장하여 놓았다. 을이 잘못하여 찧지 않은 벼를 창고에 가득 채워 서로 섞였다. 여기에서 찧어 보니 모두 쌀 4섬을 얻었다. 갑의 쌀과 을의 찧지 않은 벼는 각각 얼마인가? 〔벼 1말을 찧으면 쌀 5되가 된다.〕
今有甲米不知其數 貯於六石囤中 乙誤入粟滿而相和 今乃併爲舂正共量 得米四石 問甲米及乙粟各若干〔其粟一斗舂米五升〕

답 갑의 쌀 2섬, 을의 벼 4섬
答曰 甲米二石 乙粟四石

풀이 쌀과 벼를 합한 6섬에서 찧어서 얻어진 쌀 4섬을 빼면 나머지는 2섬이다. 〔이것이 벼를 찧어서 얻은 곡식이다.〕 이것을 실로 하고 5되[50]를 법으로 하여 나누면 을의 벼 4섬을 얻고 6섬에서 4섬을 빼면 갑의 쌀이다.
法曰 置米粟共數六石 內減四石 餘二石 〔此乙粟之穀數〕 爲實 以穀數五升爲法除之 得乙粟四石 以減於共數六石餘二石 卽甲米 合問

☞ 역자 주: 갑의 쌀을 x, 을의 벼를 y라 하여 다음 연립방정식을 세워 풀 수 있다.

$$\begin{cases} x+y=6 \\ x+\frac{y}{2}=4 \end{cases}$$

$$\frac{y}{2}=6-4$$

$$y=\frac{6-4}{0.5}$$

이것이 풀이 과정에 해당한다.

50) 5되는 1말에 대한 비율, 즉 0.5이다.

【2-2-12】 지금 쌀 301섬 4말을 상등, 중등, 하등의 3등급의 호수별로 내도록 시키는데, 중등호는 상등호의 $\frac{6}{10}$, 하등호는 중등호의 $\frac{6}{10}$의 비율이다. 이때 상등호는 25호, 중등호는 30호, 하등호는 48호이면 각각 얼마씩 내야 하는가?
今有米三百一石四斗 令三等人户從上作四六出之[51) 上等二十五户 中等三十户 下等四十八户 問每户及逐等各若干

답 상등매호 5섬 모두 125섬
중등매호 3섬 모두 90섬
하등매호 1섬 8말 모두 86섬 4말
答曰 上等每户五石 共一百二十五石
中等每户三石 共九十石
下等每户一石八斗 共八十六石四斗

풀이 상등의 호수를 100배하고 중등의 호수를 60배하고 하등의 호수를 36배하여 세 수를 모두 합하면 6028이다. 이 수를 법으로 한다. 쌀의 총량[52)을 실로 하여 법으로 나누면 상등의 한 호가 내는 쌀의 양 5섬을 얻는다. 6[53)을 곱하면 중등의 한 호가 내는 쌀의 양, 또다시 6을 곱하면 하등의 한 호가 내는 쌀의 양이다.
法曰 置上等户以一百乘之 中等户以六十乘之 下等户以三十六乘之 倂三位得六千二十八爲法 列總米以一百乘之爲實 以法除之 得上等每户所出五石 六因得中等每户 又六因得下等每户 合問

☞ 역자 주: 상등호 : 중등호 : 하등호 $= 1 : \frac{6}{10} : \frac{36}{100} = 100 : 60 : 36$이 되어 이것이 상등호, 중등호, 하등호의 쌀을 내는 비이다.

51) 戶從上作四六出之라고 되어 있으나 4:6의 비율이면 뒤의 해법과 맞지 않다. 따라서 '四六出之'는 '十分之六出之'로 고쳐야 한다.
52) 실제로는 쌀의 총량의 100배여야 한다.
53) 실제로 0.6이다.

☞ 역자 주: 이 문제를 오늘날의 방법으로 풀어보자. 상등호 한 호가 내는 쌀의 양을 x라 하면 쌀의 총량은 다음과 같다.

$$25x + 36 \times \frac{6}{10}x + 48 \times \frac{36}{100}x = 301.4$$

이것을 풀면 x=5(섬)을 얻는다.

【2-2-13】 지금 갑, 을, 병, 정의 4등급으로 구별되는 집(호수)들이 있다. 갑 등급의 집에서 내는 쌀의 양의 $\frac{7}{10}$을 을 등급의 집에서 내고 또 $\frac{7}{10}$의 양을 병 등급의 집에서 내고 다시 $\frac{7}{10}$의 양을 정 등급의 집에서 쌀을 내어 모두 148섬 4말 9되 8홉을 내고자 한다. 이때 갑 등급인 집의 수는 36호, 을 등급인 집은 42호, 병 등급인 집은 48호, 정 등급인 집은 50호이다. 집집마다 얼마씩 내면 되는가?

今有米一百四十八石四斗九升八合 令四等人户從上作十分之七出之 甲等三十六户 乙等四十二户 丙等四十八户 丁等五十户 問每户及逐等若干

☞ 역자 주: 갑, 을, 병, 정 집들의 쌀을 내는 비는 갑 : 을 : 병 : 정 $= 1 : \frac{7}{10} : \frac{49}{100} : \frac{343}{1000} = 1000 : 700 : 490 : 343$이다.

답 갑 등급의 각 집 1섬 4말 모두 50섬 4말
을 등급의 각 집 9말 8되 모두 41섬 1말 6되
병 등급의 각 집 6말 8되 6홉 모두 32섬 9말 2되 8홉
정 등급의 각 집 4말 8되 2작 모두 24섬 1되

答曰 甲等每户一石四斗 共五十石四斗
乙等每户九斗八升 共四十一石一斗六升
丙等每户六斗八升六合 共三十二石九斗二升八合
丁等每户四斗八升二勺 共二十四石一升

풀이 쌀의 총량을 1000배하여 실로 한다. 갑 등급의 호수를 1000배하고 을 등급의 호수를 700배하고 병 등급의 호수를 490배하고 정 등급의 호수를 343배하여 네 수를 모두 합하면 106070이다. 이 수를

법으로 하여 나누면 갑 등급 호의 한 집에서 내는 쌀의 양을 얻고 여기에 차차 7을 곱하고 한 자리씩 자리를 물리면54) 각 등급의 한 집에서 내는 쌀의 양을 얻는다.

法曰 置米以一千乘之爲實 列甲户以一千因之 乙户以七百因之 丙户以四百九十乘之 丁户以三百四十三乘之 四位併得十萬六千七十 爲法除實 得甲每户數 次次退一位七因各以原户乘之 合問

【2-2-14】 지금 돈 676냥 8푼을 5등호별로 위에서 $\frac{8}{10}$의 비율로 내게 하였다. 이때 갑 등급의 집은 8호, 을 등급의 집은 16호, 병 등급의 집은 30호, 정 등급의 집은 82호, 무 등급의 집은 240호이다. 집집마다 얼마씩 내는가?

今有銀六百七十六兩八分 令五等人户從上作十分之八出之 甲等八户 乙等十六户 丙等三十户 丁等八十二户 戊等二百四十户 問每户各若干

답 갑 등급의 각 집 3냥 7전 5푼
을 등급의 각 집 3냥
병 등급의 각 집 2냥 4전
정 등급의 각 집 1냥 9전 2푼
무 등급의 각 집 1냥 5전 3푼 6리

答曰 甲等每户 三兩七錢五分
乙等每户 三兩
丙等每户 二兩四錢
丁等每户 一兩九錢二分
戊等每户 一兩五錢三分六厘

풀이 받아들이고자 하는 돈의 총량을 10000배하고 이것을 실로 한다. 다음 갑 등급의 집에 10000을 곱하고 을 등급의 집에 8000을 곱하고 병 등급의 집에 6400을 곱하고 정 등급의 집에 5120을 곱하고 무 등급의 집에 4096을 곱하여 다섯 수를 모두 더하면[1802880] 이 수를

54) 0.7을 곱해야하므로 7배하고 소수점을 한 자리 내리면 된다.

법으로 하여 나누면 갑 등급의 한 집에서 내는 돈의 액수이다. 차례로 $\frac{8}{10}$을 곱하면 각 등급의 한 집이 내는 돈의 액수를 얻는다.

法曰 置銀以一萬乘之爲實 列甲户以一萬乘之 乙户以八千乘之 丙户以六千四百乘之 丁户以五千一百二十乘之 戊户以四千九十六乘之 五位併得〔一百八十萬二千八百八十〕爲法除實 得甲每户 次次八因合問

☞ 역자 주: 풀이는 갑, 을, 병, 정, 무 다섯 등급 집들의 비가 10000 : 8000 : 6400 : 5120 : 4096이라는 사실에 근거한 것이다.

【2-2-15】 지금 돈 1161냥을 6등급의 집들에게 위에서부터 절반의 차이로 배정한다. 이때 갑 등급의 집은 모두 16호, 을 등급의 집은 25호, 병 등급의 집은 31호, 정 등급의 집은 48호, 무 등급의 집은 62호, 기 등급의 집은 72호이다. 각각의 집들은 얼마씩 배당되는가?

今有銀一千一百六十一兩 六等人户從上作折半差配 甲等十六户 乙等二十五户 丙等三十一户 丁等四十八户 戊等六十二户 己等七十二户 問各若干

답 갑 등급의 각 집 24냥
을 등급의 각 집 12냥
병 등급의 각 집 6냥
정 등급의 각 집 3냥
무 등급의 각 집 1냥 5전
기 등급의 각 집 7전 5푼

答曰 甲每户 二十四兩
乙每户 一十二兩
丙每户 六兩
丁每户 三兩
戊每户 一兩 五錢
己每户 七錢 五分

풀이 돈의 총 액수를 실로 한다. 갑 등급의 호수에 32를 곱하고 을 등급의 호수에 16을 곱하고 병 등급의 호수에 8을 곱하고 정 등급의 호수에 4를 곱하고 무 등급의 호수에 2를 곱하고 기 등급의 호수에 1을 곱하여 모두 합한다.〔1548호〕 이 수를 법으로 하여 앞의 수를 나누면 기 등급의 한 집이 배당받는 돈의 액수이다. 여기에서 차례로 2배하면 된다.

法曰 置銀爲實 列甲户以三十二乘之 乙户十六乘之 丙户八因 丁户四因 戊户二因 己户一因 併之得〔一千五百四十八户〕 爲法除實得己每户 次次倍之合問

☞ 역자 주: 갑, 을, 병, 정, 무 등급의 비는 32:16:8:4:2:1 이다.

【2-2-16】 지금 7등급으로 나누어진 집들에게 세로 쌀 3740섬 1말을 거둔다. 이때 갑 등급 집들은 182호, 을 등급 집들은 198호, 병 등급 집들은 216호, 정 등급 집들은 285호, 무 등급 집들은 292호, 기 등급 집들은 338호, 경 등급 집들은 425호이고 한 등급 사이에 3말의 차이를 두어 배당한다. 각 집마다 얼마씩 쌀을 세로 내는가?

今有七等户共稅米 三千七百四十石一斗 甲一百八十二户 乙一百九十八户 丙二百十六户 丁二百八十五户 戊二百九十二户 己三百三十八户 庚四百二十五户 各差三斗配之 問每户各若干

답 갑 등급의 각 집 3섬, 을 등급의 각 집 2섬 7말
병 등급의 각 집 2섬 4말, 정 등급의 각 집 2섬 1말
무 등급의 각 집 1섬 8말, 기 등급의 각 집 1섬 5말
경 등급의 각 집 1섬 2말

答曰 甲每户 三石 乙每户 二石七斗
丙每户 二石四斗 丁每户 二石一斗
戊每户 一石八斗 己每户 一石五斗
庚每户 一石二斗

풀이 갑 등급의 호수에 6을 곱하고 을 등급의 호수에 5를 곱하고 병 등급의 호수에 4를 곱하고 정 등급의 호수에 3을 곱하고 무 등급의 호수에 2를 곱하고 기 등급의 호수에 1을 곱하여 모두 합하면 4723호이

다. 여기에 한 등급의 차 3말을 곱하여 얻은 수를 쌀의 총량에서 빼면 나머지가 2323섬 2말이다. 이것을 실로 한다. 다음에 7등급의 호수들을 모두 합하여 이 수를 법으로 하여 나누면 경 등급의 한 집에 배당된 쌀의 양이다. 여기에 등급간의 차인 3말을 더해 가면 모든 집에 배당된 쌀을 구할 수 있다.

法曰 列〔甲户六因 乙户五因 丙户四因 丁户三因 戊户二因 己户一因〕併得〔四千七百二十三户〕以差〔三斗〕乘之得數 以減於總米餘〔二千三百二十三石二斗〕爲實 併七等户數爲法 除之得庚每户數遞加差 合問

☞ 역자 주: 이 문제를 오늘날의 방법으로 풀어보자.

경 등급의 한 집에 배당된 세미를 x라 하자. 그러면 다음 방정식이 성립한다.

$$425x+338(x+3)+292(x+6)+285(x+9)+216(x+12)+198(x+15)+182(x+18)=37401$$

$$x(425+338+292+285+216+198+182)=37401-3(338+292\times2+285\times3+216\times4+198\times5+182\times6)$$

이것이 풀이 과정에 해당하는 식이다.

$$x=23232\div1936=12(\text{말})=1(\text{섬})\ 2(\text{말})$$

【2-2-17】 지금 쌀 32610섬 2말 4되를 상·중·하 세 마을에 위에서부터 절반 차이로 배정하고 또 상 마을의 3등급의 집들에게는 $\frac{9}{10}$의 비율로, 중 마을의 3등급의 집들에게는 $\frac{8}{10}$의 비율로, 하 마을의 3등급의 집들에게는 $\frac{7}{10}$의 비율로 한다. 이때, 상 마을의 상 등급 집들은 112호이고 중 등급 집들은 148호이고 하 등급 집들은 196호이다. 중 마을의 상 등급 집들은 164호이고 중 등급의 집들은 240호이고 하 등급의 집들은 320호이다. 하 마을의 상 등급 집들은 190호이고 중 등급의 집들은 344호이고 하 등급의 집들은 360호이다. 세 마을의 9등급의 집들은 얼마씩 배당되는가?

今有米三萬二千六百一十石二斗四升 於上中下三鄉從上作折半差配之 又上

鄕三等作九一折 中鄕三等作二八折 下鄕三等作三七折 上鄕上等一百一十二戶 中等一百四十八戶 下等一百九十六戶 中鄕上等一百六十四戶 中等二百四十戶 下等三百二十戶 下鄕上等一百九十戶 中等三百四十四戶 下等三百六十戶 問三鄕九等各若干

☞ 역자 주 : 문제 이해를 위해 각 등급의 호수를 표로 정리하여 보자.

마을	등급	호수
상	상	112
	중	148
	하	196
중	상	164
	중	240
	하	320
하	상	190
	중	344
	하	360

답 상 마을 456호에 모두 15754섬 4말 4되 배정
상 등급 한 집에 39섬, 상 등급 호수에 모두 4369섬
중 등급 한 집에 35섬 1말, 중 등급 호수에 모두 5194섬 8말
하 등급 한 집에 31섬 5말 9되, 하 등급 호수에 모두 6191섬 6말 4되
중 마을 724호에 모두 10935섬 6말 배정
상 등급 한 집에 19섬 5말, 상 등급 호수에 모두 3198섬
중 등급 한 집에 15섬 6말, 중 등급 호수에 모두 3744섬
하 등급 한 집에 12섬 4말 8되, 하 등급 호수에 모두 3993섬 6말
하 마을 894호에 모두 5920섬 2말 배정
상 등급 한 집에 9섬7말5되, 상 등급 호수에 모두 1852섬 5말
중 등급 한 집에 6섬 8말 2되 5홉, 중 등급 호수에 모두 2347섬 8말
하 등급 한 집에 4섬 7말 7되 7홉 5작, 하 등급 호수에 모두 1719섬 9말

答曰 上鄕四百五十六戶 共一萬五千七百五十四石四斗四升
上等每戶三十九石 共四千三百六十九石
中等每戶三十五石一斗 共五千一百九十四石八斗
下等每戶三十一石五斗九升 共六千一百九十一石六斗四升
中鄕七百二十四戶 共 一萬九百三十五石六斗

上等每户一十九石五斗	共三千一百九十八石
中等每户一十五石六斗	共三千七百四十四石
下等每户一十二石四斗八升	共三千九百九十三石六斗
下鄉八百九十四户	共五千九百二十石二斗
上等每户九石七斗五升	共一千八百五十二石五斗
中等每户六石八斗二升五合	共二千三百四十七石八斗
下等每户四石七斗七升七合五勺	共一千七百一十九石九斗

풀이 상 마을의 상 등급 호수에 100을 곱하고 중 등급호수에 90을 곱하고 하 등급 호수에 81을 곱한다. 중 마을의 상 등급 호수에 역시 100을 곱하고 중 등급 호수에 80을 곱하고 하 등급 호수에 64를 곱하여 이 세 수를 합하여 2로 나눈다. 하 마을의 상 등급 호수에 역시 100을 곱하고 중 등급 호수에 70을 곱하고 하 등급 호수에 49를 곱하여 이 세 수를 합하여 4로 나눈다. 이와 같이 상 마을의 세 수, 중 마을에서 2로 나눈 수, 하 마을에서 4로 나눈 수를 모두 합한다.〔83616〕 이 수를 법으로 한다. 다음 쌀의 총량을 100배하여 실로 하여 법으로 나누면 상 마을의 상 등급 한 집에 배정한 쌀의 양을 얻는다.〔이것을 차차 9배[55]하면 중 등급, 하 등급의 한 집에 배당된 쌀의 양이다〕 상 마을의 상 등급 한 집에 배정된 쌀의 양의 절반은 중 마을의 상 등급 한 집에 배정된 쌀의 양이다.〔이것을 차차 8배[56]하면 중 등급, 하 등급의 한 집에 배정된 쌀의 양이다.〕 다시 중 마을 상 등급 한 집에 배정된 쌀의 양을 2로 나누면 하 마을의 상 등급 한 집에 배정된 쌀의 양이다.〔이것을 차차 7배[57]하면 중 등급, 하 등급 한 집에 배정된 쌀의 양이다.〕〔별해로 상 마을은 400을, 중 마을은 200을, 하 마을은 100을 이용하여 각각 비율에 따라 곱하여도 역시 답을 얻는다.〕

法曰 置上鄉上户以一百乘之 中户九十乘之 下户八十一乘之 中鄉上户亦以一百乘之 中户八十乘之 下户六十四乘之 併三位折半 下鄉上户亦以一百乘之 中户七十乘之 下户四十九乘之 併三位四歸乃九位併得〔八萬三千六百十六〕 爲法 百因總米爲實 以法除之 得上鄉上等每户〔遞用九因得中下等〕 折

55) 사실은 0.9배이다.
56) 사실은 0.8배이다.
57) 사실은 0.7배이다.

半得中鄕上等每户〔遞用八因得中下等〕 又折半得下鄕上等每户〔遞用七因得中下等〕 合問〔一法上鄕用四百中鄕用二百下鄕用一百 各各其率乘之亦各得〕

☞ 역자 주: 별해에 있는 내용은 다음과 같다. 상 마을의 상 등급 호수에 400을 곱하고 중 등급 호수에 360을 곱하고 하 등급 호수에 324를 곱한다. 또 중 마을의 상 등급 호수에 200을 곱하고 중 등급 호수에 160을 곱하고 하 등급 호수에 128을 곱한다. 또 하 마을의 상 등급 호수에 100을 곱하고 중 등급 호수에 70을 곱하고 하 등급 호수에 49를 곱한다. 이와 같이 얻은 9개의 수를 모두 합하면 334464이다. 쌀의 총량을 100배하여 이 수로 나누면 하 마을의 상 등급 한 집에 배정된 쌀의 양 9섬 4말 5되를 얻는다.

【2-2-18】 지금 쌀 32217섬 2말 9되 2홉 5작을 중, 동, 서, 남, 북 5부에 위에서부터 절반의 차이로 배정하여 각 부가 소관하는 동(여기서는 방)에 나누어주고자 한다. 다만 중부의 5개 동은 절반씩 빼가고, 동부의 5개 동은 $\frac{6}{10}$씩 나누어주고, 서부의 5개 동은 $\frac{7}{10}$씩 나누어주고, 남부의 5개 동은 $\frac{8}{10}$씩 나누어주고, 북부의 5개 동은 $\frac{9}{10}$씩 나누어준다고 한다.[58] 각 부의 동들의 호수는 다음과 같다. 중부는 인동은 25호, 의동은 30호, 예동은 35호, 지동은 40호, 신동은 45호이다. 동부는 인동은 27호, 의동은 36호, 예동은 45호, 지동은 54호, 신동은 63호이다. 서부는 인동은 32호, 의동은 40호, 예동은 48호, 지동은 56호, 신동은 64호이다. 남부는 인동은 33호, 의동은 42호, 예동은 50호, 지동은 58호, 신동은 66호이다. 북부는 인동은 35호, 의동은 44호, 예동은 55호, 지동은 63호, 신동은 72호이다. 5부의 25개 동의 각각의 쌀 배당량은 얼마인가?

今有米三萬二千二百一十七石二斗九升二合五勺 於中東西南北 五部從上作折半差配 使之分給 於各其所管坊 只云 中部五坊作減半折 東部五坊作四六折 西部五坊作三七折 南部五坊作二八折 北部五坊作九一折 中部仁坊二十

58) 가령 동부의 경우 인, 의, 예, 지, 신의 5개 동은 인동의 한 집 배당량의 6/10이 의동의 한 집 배당량이고, 또 그 6/10이 예동의 배당량, 또 그 6/10이 지동의 한 집 배당량, 또 그 6/10이 신동의 한 집 배당량이라는 뜻이다.

五户 義坊三十户 禮坊三十五户 智坊四十户 信坊四十五户 東部仁坊二十七户 義坊三十六户 禮坊四十五户 智坊五十四户 信坊六十三户 西部仁坊三十二户 義坊四十户 禮坊四十八户 智坊五十六户 信坊六十四户 南部仁坊三十三户 義坊四十二户 禮坊五十户 智坊五十八户 信坊六十六户 北部仁坊三十五户 義坊四十四户 禮坊五十五户 智坊六十三户 信坊七十二户 問五部二十五坊各該米若干

답 중부 175호에 모두 11312섬 5말 배정
인동 각 집 200섬, 인동에 모두 5000섬
의동 각 집 100섬, 의동에 모두 3000섬
예동 각 집 50섬, 예동에 모두 1750섬
지동 각 집 25섬, 지동에 모두 1000섬
신동 각 집 12섬 5말, 신동에 모두 562섬 5말
동부 225호에 모두 8462섬 8말 8되 배정
인동 각 집 100섬, 인동에 모두 2700섬
의동 각 집 60섬, 의동에 모두 2160섬
예동 각 집 36섬, 예동에 모두 1620섬
지동 각 집 21섬 6말, 지동에 모두 1166섬 4말
신동 각 집 12섬 9말 6되, 신동에 모두 816섬 4말 8되
서부 240호에 모두 5904섬 7말 2되 배정
인동 각 집 50섬, 인동에 모두 1600섬
의동 각 집 35섬, 의동에 모두 1400섬
예동 각 집 24섬 5말, 예동에 모두 1176섬
지동 각 집 17섬 1말 5되, 지동에 모두 960섬 4말
신동 각 집 12섬 5홉, 신동에 모두 768섬 3말 2되
남부 249호에 모두 3883섬 2말 4되 배정
인동 각 집 25섬, 인동에 모두 825섬
의동 각 집 20섬, 의동에 모두 840섬
예동 각 집 16섬, 예동에 모두 800섬
지동 각 집 12섬 8말, 지동에 모두 742섬 4말
신동 각 집 10섬 2말 4되, 신동에 모두 675섬 8말 4되
북부 269호에 모두 2653섬 9말 5되 2홉 5작 배정

인동 각 집 12섬 5말, 인동에 모두 437섬 5말
의동 각 집 11섬 2말 5되, 의동에 모두 495섬
예동 각 집 10섬 1말 2되 5홉, 예동에 모두 556섬 8말 7되 5홉
지동 각 집 9섬 1말 1되 2홉 5작, 지동에 모두 574섬 8되 7홉 5작
신동 각 집 8섬 2말 1홉 2작 5묘, 신동에 모두 590섬 4말 9되

答曰 中部一百七十五户 共一萬一千三百一十二石五斗
仁坊每户二百石 共五千石
義坊每户一百石 共三千石
禮坊每户五十石 共一千七百五十石
智坊每户二十五石 共一千石
信坊每户一十二石五斗 共五百六十二石五斗
東部二百二十五户 共八千四百六十二石八斗八升
仁坊每户一百石 共二千七百石
義坊每户六十石 共二千一百六十石
禮坊每户三十六石 共一千六百二十石
智坊每户二十一石六斗 共一千一百六十六石四斗
信坊每户一十二石九斗六升 共八百一十六石四斗八升
西部二百四十户 共五千九百四石七斗二升
仁坊每户五十石 共一千六百石
義坊每户三十五石 共一千四百石
禮坊每户二十四石五斗 共一千一百七十六石
智坊每户一十七石一斗五升 共九百六十石四斗
信坊每户一十二石五合 共七百六十八石三斗二升
南部二百四十九户 共三千八百八十三石二斗四升
仁坊每户二十五石 共八百二十五石
義坊每户二十石 共八百四十石
禮坊每户十六石 共八百石
智坊每户一十二石八斗 共七百四十二石四斗
信坊每户十石二斗四升 共六百七十五石八斗四升
北部二百六十九户 共二千六百五十三石九斗五升二合五勺
仁坊每户一十二石五斗 共四百三十七石五斗
義坊每户一十一石二斗五升 共四百九十五石

禮坊每户十石一斗二升五合　共五百五十六石八斗七升五合
智坊每户九石一斗一升二合五勺　共五百七十四石八升七合五勺
信坊每户八石二斗一合二勺五抄　共五百九十石四斗九升

풀이 중부의 인동호수에 1억을 곱하고 의동의 호수에 5천만을 곱하고 예동의 호수에 2500만을 곱하고 지동의 호수에 1250만을 곱하고 신동의 호수에 625만을 곱하여 다섯 수를 모두 합한다.〔5656250000〕 또 동부의 인동의 호수에 오천만을 곱하고 의동의 호수에 3000만을 곱하고 예동의 호수에 1800만을 곱하고 지동의 호수에 1080만을 곱하고 신동의 호수에 648만을 곱하여 이 다섯 수를 모두 합한다.〔4231440000〕 또 서부의 인동의 호수에 2500만을 곱하고 의동의 호수에 1750만을 곱하고 예동의 호수에 1225만을 곱하고 지동의 호수에 8575000을 곱하고 신동의 호수에 6002500을 곱하여 이 다섯 수를 합한다.〔2952360000〕 또 남부의 인동의 호수에 1250만을 곱하고 의동의 호수에 1000만을 곱하고 예동의 호수에 800만을 곱하고 지동의 호수에 640만을 곱하고 신동의 호수에 512만을 곱하여 이 다섯 수를 합한다.〔1941620000〕 또 북부에서 인동의 호수에 625만을 곱하고 의동의 호수에 5625000을 곱하고 예동의 호수에 5062500을 곱하고 지동의 호수에 4556250을 곱하고 신동의 호수에 4100625를 곱하여 이 다섯 수를 합한다.〔1326976250〕 이와 같이 25개 동에서 얻은 수를 모두 합하면 16108646250의 비율을 얻어 이 수를 법으로 한다. 쌀의 총량에 1억을 곱하여 얻은 3221729250000섬을 실로 하여 법으로 나누면 200섬을 얻어 이것이 중부의 인동의 한 집에 배정된 쌀의 양이다. 이 쌀의 양을 차차 반으로 빼 나가면 중부의 의동, 예동, 지동, 신동의 한 집에 배정된 쌀의 양을 얻는다. 또 중부 인동 한 집의 배정량 200섬의 절반이 동부 인동의 한 집 쌀 배정량이고 이 100섬을 차차 한 자리 물리고 6배하면[59] 의동, 예동, 지동, 신동의 한 집 배정된 쌀의 양을 안다. 또 동부 인동 한 집의 쌀의 양의 절반이 서부 인동 한 집의 쌀 배정량이고 이 50섬을 차차 한 자리 물리고 7배하면 의동, 예동, 지동, 신동의 한 집 쌀 배정량을 구할 수 있다. 또 서부 인동 한 집 쌀의 양인 50섬의 절반이 남부

59) 한 자리 물리고 6배 한다는 것, 즉 一退六因은 0.6을 곱한다는 뜻이다.

인동 한 집의 쌀 배정량이고 이 25섬을 차차 한 자리 물리고 8배하면 의동, 예동, 지동, 신동의 한 집 쌀 배정량이다. 또 남부 인동 한 집의 쌀의 양 25섬의 절반이 북부 인동 한집의 쌀 배정량이고 이 15섬 5말을 차차 한 자리 물리고 9배하면 의동, 예동, 지동, 신동의 한 집 쌀 배정량이다. 각 동의 쌀 배정량은 한 집의 쌀의 양을 호수 배하면 된다.

法曰 中部仁户 以一億乘之 義户以五千萬乘之 禮户以二千五百萬乘之 智户以一千二百五十萬乘之 信户以六百二十五萬乘之 五位併得〔五十六億五千六百二十五萬〕東部仁户以五千萬乘之 義户以三千萬乘之 禮户以一千八百萬乘之 智户以一千八十萬乘之 信户以六百四十八萬乘之 五位併得〔四十二億三千一百四十四萬〕西部仁户以二千五百萬乘之 義户以一千七百五十萬乘之 禮户以一千二百二十五萬乘之 智户以八百五十七萬五千乘之 信户以六百萬二千五百乘之 五位併得〔二十九億五千二百三十六萬〕南部仁户以一千二百五十萬乘之 義户以一千萬乘之 禮户以八百萬乘之 智户以六百四十萬乘之 信户以五百十二萬乘之 五位併得〔一十九億四千一百六十二萬〕北部仁户以六百二十五萬乘之 義户以五百六十二萬五千乘之 禮户以五百六萬二千五百乘之 智户以四百五十五萬六千二百五十乘之 信户以四百一十萬六百二十五乘之 五位併得〔一十三億二千六百九十七萬六千二百五十〕併二十五位 共得一百六十一億八百六十四萬六千二百五十衰 爲法 另置總米以一億乘之 得三萬二千二百一十七億二千九百二十五萬石爲實 以法除之 得二百石 乃中部仁坊每户之米 次次減半 爲義禮智信坊每户之米 又列中部仁坊每户米 二百石折半 得東部仁坊每户之米一百石 次次一退六因 爲義禮智信坊每户之米 又列〔東部仁坊每户〕一百石折半 得西部仁坊每户之米五十石 次次一退七因 爲義禮智信坊每户之米 又列〔西部仁坊每户〕五十石折半 得南部仁坊每户之米 二十五石 次次一退八因 爲義禮智信坊每户之米 又列〔南部仁坊每户〕二十五石折半 得北部仁坊每户之米 一十二石五斗 次次一退九因 爲義禮智信坊每户之米 各以户數乘之 合問

[3] 귀천반율문 3문제(貴賤反率門 三問)

'귀천반율문'에서는 두 종류 물건의 단가의 차이가 1인 경우 및 돈 1단위로 살 수 있는 두 종류 물건의 개수 차이가 1인 경우의 특별한 상황에 대한 문제를 다룬다. <구장산술>에서는 이 상황을 각각 기율술(基率術), 반기율술(反基率術)이라 하여 '속미'에서 다루었다.

- **기율술**: $z+1$원 짜리 비싼 물건 x개와 z원짜리 싼 물건 y개를 합하여 a개를 b원에 샀다고 하자. 그러면 다음이 성립한다.

$$\begin{cases} x+y=a \cdots① \\ x(z+1)+yz=b \cdots② \end{cases} \quad (x, y, z \in N)$$

식 ②를 변형하고 식 ①을 대입하여 다음을 얻는다.

$$(x+y)z+x=b$$

$$az+x=b$$

그런데 $0<x,\ y<a$이므로 $z=q,\ x=r$(이때 b를 a로 나눈 몫이 q, 나머지가 r)이 유일하게 존재한다.

- **반기율술**: 단위 화폐 당 p개인 비싼 물건 x개와 $p+1$개인 싼 물건 y개를 합하여 a개를 b원에 샀다고 하자. 그러면 다음이 성립한다.

$$\begin{cases} x+y=a \\ \dfrac{x}{p}+\dfrac{y}{p+1}=b \end{cases} \quad (x, y, p \in N)$$

$\dfrac{x}{p}=x_1,\ \dfrac{y}{p+1}=y_1$ 이라 하면, 식은 다음과 같이 변형된다.

$$\begin{cases} px_1+(p+1)y_1=a \cdots③ \\ x_1+y_1=b \cdots④ \end{cases}$$

식 ③을 변형하고 식 ④를 대입하여 다음을 얻는다.

$$p(x_1+y_1)+y_1=a$$

$$a=pb+y_1$$

즉 $0<y_1<b$인 $p,\ y_1$이 존재한다.

따라서 유일해 $x=p(b-y_1),\ y=(p+1)y_1$을 갖는다.

【2-3-1】 지금 돈 69냥을 갖고 큰 구슬과 작은 구슬 28개를 사고자

한다. 이것을 귀천율로 생각하면 각 하나의 값과 개수는 얼마인가?
今有錢六十九兩 共買大小珍珠二十八箇 欲其貴賤率之 問各每箇價及各該若干

답 큰 구슬 한 개의 값 3냥, 모두 13개, 그 값은 39냥
작은 구슬 한 개의 값 2냥, 모두 15개, 그 값은 30냥
答曰 大每箇價三兩 共十三箇 價三十九兩
小每箇價二兩 共十五箇 價三十兩

풀이 돈의 액수를 구슬의 개수 28로 나누면 2냥이고 나머지가 13냥이다. 따라서 작은 구슬은 하나에 2냥이고 큰 구슬은 3냥이라 하고 큰 구슬은 13개[60]이면 작은 구슬은 15개이다.
法曰 置錢以珍珠除之 得二兩爲小價 加一兩爲大價餘實〔十三〕仍爲大珠之數 以此反減下法〔餘爲小珠〕合問

【2-3-2】 지금 돈 12냥으로 나무 102그루를 살 때 귀천율이라 생각하면 각각 얼마씩인가?
今有銀十二兩 買木一百二株 欲貴賤率之 問各若干

답 한 냥으로 큰 나무 8그루, 모두 48그루, 그 값은 6냥
한 냥으로 작은 나무 9그루, 모두 54그루, 그 값은 6냥
答曰 每兩大木八株 共四十八株 價六兩
每兩小木九株 共五十四株 價六兩

풀이 나무의 수를 돈의 액수로 나누면 8그루[61]〔1냥으로 사는 큰 나무의 수이다.〕를 얻고 (6그루가 남는다.)[62] 8그루 묶음에 1그루씩 더하면 9그루〔1냥으로 사는 작은 나무의 수이다.〕를 묶음이 6개이다. 즉 8

60) 같은 구슬로 생각하여 생긴 나머지 13냥은 큰 구슬이 더 비싸다는 사실에서 비롯된 것이므로, 큰 구슬이 1만큼 비싸다고 할 때 결국 큰 구슬의 개수는 13이 된다.
61) 몫에 해당한다.
62) 즉 8그루 짜리 12묶음과 나머지 6그루이다. 이 나머지를 8그루 묶음 6개에 각각 하나씩 더하여 9그루 6묶음이 되고, 8그루 묶음은 6묶음이 남는다.

그루 짜리 묶음이 6개, 9그루 짜리 묶음이 6개이다. 물론 한 묶음은 1냥씩이다.
法曰 置木爲實 以銀除之 得八株〔爲每兩大木數〕加一株 得九株〔爲每兩小木數〕餘實六仍爲貴木之價[63] 以此反減於下法餘六爲賤木之價[64] 各以其直乘之 合問

【2-3-3】 지금 돈 133냥으로 말을 30마리 사고자할 때 귀천율에 따른다고 생각하면 한 마리의 값과 각각은 얼마인가?
今有銀一百三十三兩 買馬三十匹 欲其貴賤率之 問每匹價及各該若干

답 좋은 말 한 마리 값 5냥, 모두 13마리, 그 값은 65냥
둔한 말 한 마리 값 4냥, 모두 17마리, 그 값은 68냥
答曰 良馬匹價五兩 共十三匹 價六十五兩
駑馬匹價四兩 共十七匹 價六十八兩

풀이 돈의 액수를 말 30필로 나누면 4냥을 얻고 나머지가 13냥이다. 따라서 4냥의 말과 5냥의 말을 살 때 나머지가 13냥이므로 5냥의 말은 13마리이다. 당연히 4냥의 말은 17마리이다.
法曰 置銀爲實 以馬除之 得四兩 爲駑馬之匹價 加一兩 卽良馬之匹價 餘實十三 仍爲良馬之數 以此反減下法 餘十七 卽駑馬之數 以乘各價 合問

☞ 역자 주: 이 문제 역시 말에 귀천율을 적용하여, 값이 1냥 차이나는 두 종류의 말을 생각하여, 나머지를 1냥 비싼 말에 돌리는 아이디어로 푼 것이다.

결국, 문제 2-3-1, 2-3-3은 두 종류 물건의 단가의 차이가 1인 기율술의 경우이고, 문제 2-3-2는 돈 1단위로 살 수 있는 두 종류 물건의 개수 차이가 1인 반기율술의 경우이다.

구일집 제 2 권(九一集 卷之二)

63) 貴木之價는 貴木之數(큰 나무의 묶음 수)의 착오이다.
64) 賤木之價는 賤木之數(작은 나무의 묶음 수)의 착오이다.

구일집 제3권
(九一集 卷之三)

남양 홍정하 저(南陽 洪正夏 著)

[1] 지분제동문 6문제(之分齊同門 六問)

'지분제동문'은 <구장산술>의 분수 연산 법칙인 약분술(約分術), 합분술(合分術), 감분술(減分術), 과분술(課分術), 평분술(平分術), 경분술(經分術), 승분술(乘分術)과 관련된다. 한편 '제동(齊同)'이란 분모가 서로 다른 분수에서 분모의 공통분모를 찾아(同) 각 분자에 적절하게 곱하는(齊) 과정으로, 곧 통분하는 과정을 말한다.

【3-1-1】 지금 $\frac{14}{21}$를 약분하면 얼마인가?

今有二十一分之一十四 問約之得若干

답 $\frac{2}{3}$

答曰 三分之二

풀이 분모 21에서 분자 14를 빼면 나머지가 7이다. 별도로 분자 14에서 7을 빼면 나머지가 7이다. 여기서 7을 법으로 하여 나누면 분모는 3이 되고 분자는 2이다. 〔따라서 $\frac{2}{3}$이다.〕

法曰 置分母二十一 內減子十四 餘七 另置子十四 減七 亦餘七 就爲法 除母得三 除子得二〔故曰三分之二〕也

☞ 역자 주 : 약분술이다. 여기에서 두 수 21과 14의 최대공약수 7을 구한 방법은 유클리드의 호제법과 일치한다. 즉 $\frac{14}{21}$에서 $21-14=7$, $14-7=7$이므로 21과 14

의 최대공약수 7을 구하여 분자와 분모를 나누어주면 된다. 이와 같이 정수의 최대공약수를 유클리드의 호제법을 적용하여 구하는 것이 <구장산술>에 기록되어 있다.

【3-1-2】 지금 15명이 한 사람마다 돈 $1\frac{1}{19}$냥을 출자하면 모두 얼마인가?
今有十五人 每人出銀 一兩十九分兩之一 問共若干

답 $15\frac{15}{19}$냥

答曰 一十五兩 一十九分兩之一十五

풀이 1냥을 분모와 곱해서 분자에 더하면 20이 되고, 여기에 15명을 곱하면 300을 얻는다. 이것을 실로 하여 19로 나누면 15냥이고 나머지는 분수로 표시하면 된다.
法曰 置一兩通分納子 得二十 以乘十五人 得三百爲實 以十九除之 得十五兩 不滿法子命之 合問

☞ 역자 주: 승분술(분수의 곱셈)의 일반화인 대광전술(대분수의 곱셈)에 해당한다.

$$\frac{20}{19}\times 15=\frac{300}{19}=15\frac{15}{19}$$

【3-1-3】 지금 돈 $6\frac{4}{5}$냥으로 구슬을 $8\frac{3}{7}$냥 샀다. 돈 한 냥으로는 구슬을 얼마 사는가?
今有銀六兩五分兩之四 買珠八兩七分兩之三 問銀每兩價珠若干

답 $1\frac{57}{238}$냥

答曰 一兩二百三十八分兩之五十七

풀이 돈을 가분수로 고쳐 분자에 7을 곱하면 238을 얻고 이것을 법으로 한다. 별도로 구슬의 양을 가분수로 고쳐 분자에 5를 곱하여 295를 얻고 이것을 실로 하여 법으로 나누면 1냥을 얻고 나머지는 분수로 나타내면 된다.
法曰 置銀通分納子 又以七分乘之 得二百三十八爲法 另列珠通分納子 又以五分乘之 得二百九十五爲實 以法除之 得一兩 不滿法者命之 合問

☞ 역자 주: 경분술(분수의 나눗셈)이다.

$$8\frac{3}{7}\div6\frac{4}{5}=\frac{59}{7}\div\frac{34}{5}=\frac{59\times5}{34\times7}=\frac{295}{238}=1\frac{57}{238}$$

분수의 나눗셈 알고리즘의 핵심인 '제수의 역수를 곱한다'는 규칙에 대한 언급은 없고, 다만 그 결과식을 계산 방법으로 제시하고 있을 뿐이다.

【3-1-4】 지금 $6\frac{4}{5}$명이 은 $9\frac{6}{8}$냥, $\frac{4}{7}$냥, $\frac{1}{3}$냥을 나누어 갖는다면 각각 얼마를 갖는가?
今有六人五分人之四 分銀九兩八分兩之六 七分兩之四 三分兩之一 各得若干

답 $1\frac{3238}{5712}$냥
答曰 一兩五千七百十二分兩之三千二百三十八

풀이 포산의 그림을 이용한다.
8 8분 6 지6
7 7분 4 지4
3 3분 1 지1
분모와 분자를 서로 곱한다. [세 수를 합하면 278[65]을 얻는다.] 278은 왼쪽에 놓고 [다시 분모 8, 7, 3을] 서로 곱한다.[168을 얻는다.] 여기에 은 9냥을 곱하여 얻은 수[1512]에 왼쪽에 놓은 278을 합하여 [모두 1790이다.] 다시 사람 수의 분모 5를 곱한다.[8950] 이것을

65) $6\times7\times3+4\times8\times3+1\times8\times7=278$

실로 한다. 별도로 6명을 분모와 곱하여 분자에 더하고 여기에 은의 분모를 곱한 수〔168〕를 곱하여 얻은 수〔5712〕를 법으로 하여 실을 나누면 1냥을 얻고 나머지는 분수로 표시하면 된다.

法曰 依圖布算

8 八分 6 之六

7 七分 4 之四

3 三分 1 之一

母互乘子〔三位併之 得二百七十八〕 寄左〔又分母八七三〕 相乘〔得一百六十八〕 以乘銀九兩得〔一千五百十二〕 併入寄左〔共得一千七百九十〕 又以人分母五因之 得〔八千九百五十〕 爲實 另列六人通分納子 又以銀分母相乘數〔一百六十八乘〕 得〔五千七百十二〕 爲法除實 得一兩不滿法者命之 合問

☞ 역자 주 : 문제의 상황 설정과 관련하여 사람의 수를 자연수가 아닌 분수로 제시하는 넌센스를 담고 있다. 풀이는 경분술로서 다음과 같다.

$$\left(9+\frac{6}{8}+\frac{4}{7}+\frac{1}{3}\right)\div 6\frac{4}{5}=\frac{9\cdot 8\cdot 7\cdot 3+6\cdot 7\cdot 3+4\cdot 8\cdot 3+1\cdot 8\cdot 7}{8\cdot 7\cdot 3}\times\frac{5}{34}$$

$$=\frac{(1512+278)\times 5}{168\times 34}=\frac{8950}{5712}=1\frac{3238}{5712}$$

【3-1-5】 지금 갑은 명주를 $\frac{6}{7}$필 갖고 있고 을은 $\frac{3}{4}$필 갖고 있다. 누가 얼마나 많이 갖고 있는가?

今有甲持絹七分匹之六 乙持絹四分匹之三 問孰多多若干

답 갑이 $\frac{3}{28}$필 많이 갖고 있다.

答曰 甲絹多多二十八分匹之三

풀이 포산의 그림을 이용한다.

7 7분 6 지6

4 4분 3 지3

분모와 분자를 곱하면 갑은 24이고 을은 21이다. 큰 수에서 작은 수를 빼면 나머지는 3이고 이것을 실로 한다. 또 분모를 서로 곱하여 28을 얻고 이것을 법으로 하여 실을 나누면 법이 크므로 바로 분수로 나타내면 된다.
法曰 依圖布算
7 七分 6 之六
4 四分 3 之三
母互乘子 甲得二十四 乙得二十一 以小減多 餘三爲實 乃分母相乘得二十八爲法 除實則不滿 故仍爲命之 合問

☞ 역자 주: 과분술(분수의 크기 비교)이다.

$$\frac{6}{7}-\frac{3}{4}=\frac{24-21}{28}=\frac{3}{28}$$

【3-1-6】 지금 갑은 돈 $\frac{8}{9}$냥, 을은 $\frac{6}{7}$냥, 병은 $\frac{4}{5}$냥을 갖고 있다. 세 사람이 이 돈을 모두 합하여 평균하여 갖는다면 한 사람이 얼마를 갖는가?
今有甲銀九分兩之八 乙銀七分兩之六 丙銀五分兩之四 合而令三人平均分之 問每人若干

답 각각 $\frac{802}{945}$냥을 갖는다.
答曰 各平 九百四十五分兩之八百二

풀이 포산의 그림을 이용한다.
9 9분 8 지8
7 7분 6 지6
5 5분 4 지4
분모와 분자를 서로 곱하면 갑은 280을 얻고 을은 270을 얻고 병은 252를 얻는다. 이 세 수를 합하면 802이다. 〔당연히 3으로 나누어야 하지만 나누어 떨어지지 않아 3으로 나누지 않는다.〕 이것을 실로 한다. 분모 9, 7, 5를 서로 곱하여 315를 얻어 이것을 3배하면 945를 얻어 법으로 한다. 〔3을 곱하는 것은 세 사람이기 때문이다. 합한 수가

3으로 나누어지지 않기 때문에 이 법도 3배한다.〕 실을 나누면 실이 법보다 작아서 바로 분수로 나타내어 $\frac{802}{945}$ 이다.

法曰 依圖布算

9 九分 8 之八

7 七分 6 之六

5 五分 4 之四

母互乘子 甲得二百八十 乙得二百七十 丙得二百五十二 併三位 得八百二〔當用三歸 而不盡 故不用三歸〕爲實 分母九七五相乘 得三百十五 乃以三因得九百四十五 爲法〔三因者盖三人 併數不用三歸 故此爲法之數 亦三因也〕除實不滿 故仍爲命之 九百四十五分之八百二 合問

☞ 역자 주: 평분술(분수의 평균)이다.

$$\frac{\frac{8}{9}+\frac{6}{7}+\frac{4}{5}}{3}=\frac{8\cdot7\cdot5+6\cdot9\cdot5+4\cdot9\cdot7}{9\cdot7\cdot5\cdot3}=\frac{280+270+252}{945}=\frac{802}{945}$$

2 물부지총문 13문제(物不知總門 十三問)

'물부지총문'은 제목에서 알 수 있듯이 그 개수를 알지 못하는 물건에 대해 주어진 조건을 만족시키는 개수를 구하는 것과 관련된 문제들을 다루고 있다. 특히 3-2-1에서 3-2-6까지의 여섯 문제는 연립합동식을 세워서 풀 수 있는 중국인의 나머지 정리(Chinese Remainder Theorem)를 이용하는 문제이다.

중국에서 연립합동식 문제는 3세기 경 <손자산경>의 제3권 제26문('손자의 문제' 또는 '나머지 문제'라 불림)인 다음 문제에 기원을 두고 있다.

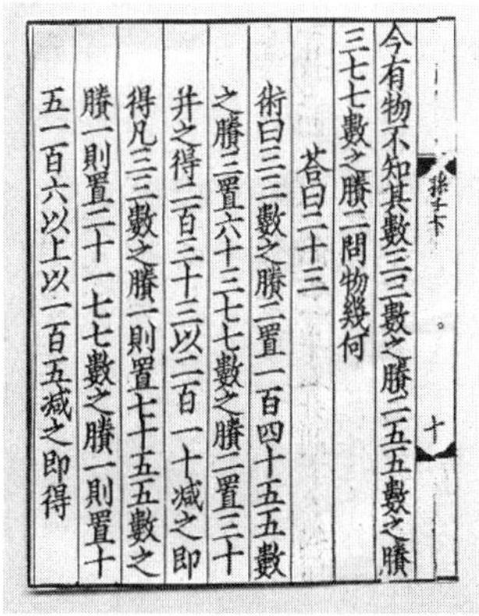
今有物不知其數三三數之賸二五五數之賸
三七七數之賸二問物幾何
荅曰二十三
術曰三三數之賸二置一百四十五五數
之賸三置六十三七七數之賸二置三十
幷之得二百三十三以二百一十減之即
得凡三三數之賸一則置七十五五數之
賸一則置二十一七七數之賸一則置十
五一百六以上以一百五減之即得

물건의 개수를 알지 못한다. 셋씩 세면 2가 남고 다섯씩 세면 3이 남고 일곱씩 세면 2가 남는다. 물건의 개수를 구하라.

구체적인 풀이 외에 일반술을 제시하여 3, 5, 7씩 셀 때 나머지가 1이 되는 수 70, 21, 15를 제시하고 있다. 이 풀이법은 귀곡산(鬼谷算), 격장산(隔牆算), 전관술(剪管術), 주왕암점병(奏王暗點兵), 한신점병(韓信點兵) 이라고도 불리며 13세기 진구소의 <수서구장>에서 '대연술'이라는 이름으로 일반화된다.

【3-2-1】 지금 몇 개 있는지 알 수 없는 물건이 있다. 다만 3씩 세면 2가 남고 5씩 세면 4가 남고 7씩 세면 6이 남는다고 한다. 모두 몇 개인가?

今有物 不知其數 只云 三數剩二 五數剩四 七數剩六 問共若干

답 104개

答曰 一百四箇

풀이 3, 5, 7을 모두 곱하면 105이고 이것을 법으로 한다. 5와 7을 곱하여 2배하면 70이나 3으로 나누어 나머지가 1이므로 2를 곱하여 140이다.[66] 또 3과 7을 곱하면 21이고 5로 나누면 1이 남는다. 나머지가 4이려면 4배하여 84이다. 〔5로 나누어 4가 남는 수이다.〕 또

3과 5를 곱하면 15이고 7로 나누면 나머지가 1이므로 나머지가 6이 되려면 6을 곱하여 90이다. 〔7로 나누어 나머지가 6인 수이다.〕 이 세 수를 합하면 314이고 앞의 법 105를 계속 빼 나가면 나머지가 104가 되어 답이다.

法曰 列三五七相乘 一百五 爲滿法 列剩二以五七乘之 又二因〔二者求一之法〕 得一百四十〔爲三數 剩二之衰〕 又列剩四 以三七乘之 得八十四〔爲五數剩四之衰〕 又列剩六 以三五乘之 得九十〔爲七數 剩六之衰〕 併三位 共三百一十四 於内減滿法一百五 至于自盡 餘一百四 合問

☞ 역자 주: 풀이의 과정을 정리하면 다음과 같다.

1. 3과 5와 7의 공배수: 105

2. 5×7×2=70: 3으로 나누어 나머지가 1인 5와 7의 공배수
 ⇒ 3으로 나누어 나머지가 2가 되도록 70×2=140
 3×7=21 : 5로 나누어 나머지가 1인 3과 7의 공배수
 ⇒ 5로 나누어 나머지가 4가 되도록 21×4=84
 3×5=15 : 7로 나누어 나머지가 1인 3과 5의 공배수
 ⇒ 7로 나누어 나머지가 6이 되도록 15×6=90

3. 140+84+90=314 : 3과 5와 7로 나누어 나머지가 각각 2, 4, 6

4. 314−105=104 : 3과 5와 7로 나누어 나머지가 각각 2, 4, 6인 최소의 양의 정수

이것을 오늘날의 방법으로 연립 합동식을 세워 풀면 다음과 같다.[67]

$$\begin{cases} x\equiv 2 \pmod 3 \\ x\equiv 4 \pmod 5 \\ x\equiv 6 \pmod 7 \end{cases}$$

이제 $M=3\cdot 5\cdot 7=105$, $M_1=5\cdot 7=35$, $M_2=3\cdot 7=21$, $M_3=3\cdot 5=15$라고 하자. 그리고 다음을 만족시키는 x_1, x_2, x_3를 구한다.

$x_1M_1\equiv 1 \pmod 3$인 $x_1=2$

$x_2M_2\equiv 1 \pmod 5$인 $x_2=1$

$x_3M_3\equiv 1 \pmod 7$인 $x_3=1$

그러면 구하는 값은 다음과 같다.

$x=2x_1M_1+4x_2M_2+6x_3M_3=140+84+90=314\equiv 104 \pmod{105}$

---

66) 3으로 나누어 2가 남는 수이다.

67) Burton, D. M.(1980), *Elementary Number Theory* 참조.

위의 풀이에서 알 수 있듯이 <구일집>의 풀이는 오늘날의 연립합동식 풀이와 일치한다. 다만, 위의 풀이에 따르면 문제의 조건을 만족시키는 수는 $105k-1$ 꼴의 자연수로 무수히 많다. 답을 104로 일의적으로 결정하려면 '가장 작은 양의 정수'라는 조건이 첨가되어야 한다.

【3-2-2】 지금 모두 몇 개인지 알 수 없는 물건이 있다. 다만 7씩 세면 1이 남고 8씩 세면 7이 남는다고 한다. 모두 몇 개인가?
今有物 不知數 只云 七數剩一 八數剩七 問共若干

답 15개
答曰 一十五箇

풀이 7과 8을 서로 곱하여〔56〕 이것을 법으로 한다. 또 8과 1을 서로 곱하면 8이고〔7로 나누어 1이 남는 수이다.〕 또 7과 7을 곱하여〔49〕 다시 7을 곱하면[68] 343을 얻는다. 〔8로 나누어 7이 남는 수이다.〕 이 두 수를 합하면 351이고 여기에서 법 56을 계속 빼나가면 15가 남아 답이 된다.
法曰 列七八相乘〔得五十六〕 爲滿法 又〔七數-剩一 八數-剩七〕 互乘以八乘一 得八〔爲七數 剩一之衰〕 又以七乘七〔得四十九〕 再以七乘之 得三百四十三〔爲八數 剩七之衰〕 併二位 共三百五十一 於內減滿法 五十六 至于自盡 餘十五箇 合問

☞ 역자 주 : 풀이의 과정을 정리하면 다음과 같다.
1. 7과 8의 공배수: $7 \times 8 = 56$
2. $8 \times 1 = 8$: 7로 나누어 나머지가 1인 8의 배수 $\underline{8}$
$7 \times 7 = 49$: 8로 나누어 나머지가 1인 7의 배수
⇒ 8로 나누어 나머지가 7이 되도록 $49 \times 7 = \underline{343}$
3. $343 + 8 = 351$: 7과 8로 나누어 나머지가 각각 1, 7인 수
4. $351 \div 56$의 나머지 15 : 7과 8로 나누어 나머지가 각각 1, 7인 최소의 양의 정수

68) 49를 8로 나누면 나머지가 1이므로 나머지가 7이 되기 위해 7을 곱한 것이다.

이것을 오늘날의 방법으로 연립 합동식을 세워 풀면 다음과 같다.

$$\begin{cases} x \equiv 1 \pmod{7} \\ x \equiv 7 \pmod{8} \end{cases}$$

이제 $M=7\cdot 8=56$, $M_1=8$, $M_2=7$이라고 하자. 그리고 다음을 만족시키는 x_1과 x_2를 구한다.

$x_1M_1 \equiv 1 \pmod{7}$인 $x_1=1$

$x_2M_2 \equiv 1 \pmod{8}$인 $x_2=7$

그러면 구하는 값은 다음과 같다.

$x=x_1M_1+7x_2M_2=8+343=351\equiv 15 \pmod{56}$

【3-2-3】 지금 모두 몇 개인지 알 수 없는 물건이 있다. 다만 15씩 세면 4가 남고 16씩 세면 13이 남는다고 한다. 모두 몇 개인가?
今有物 不知其數 只云 十五數之 剩四 十六數之 剩十三 問共若干

답 109개
答曰 一百九箇

풀이 수를 펼쳐서〔15와 16을〕 서로 곱하여 얻은 수〔240〕를 법으로 한다. 16을 4로 곱하면 64이고〔15로 나누어 나머지가 4인 수이다.〕 또 15를 13으로 곱하고 다시 15를 곱하면[69] 2925를 얻는다.〔16으로 세어 나머지가 13인 수이다.〕 이 두 수를 서로 더하여 얻은 수〔2989〕를 법〔240〕으로 나누면 된다.
法曰 列〔十五 十六〕 相乘得〔二百四十〕爲滿法 又列〔十六-剩四 十五-剩十三〕 互乘以十六乘四 得六十四〔爲十五數 剩四之衰〕 又以十五乘十三 再以十五乘之 得二千九百二十五〔爲十六數 剩十三衰〕 併二位共〔二千九百八十九〕 於内減滿法〔二百四十〕 自盡 合問

☞ 역자 주: 풀이의 과정을 정리하면 다음과 같다.

1. 15과 16의 공배수: $15\times16=240$
2. $16\times4=64$: 15로 나누어 나머지가 4인 16의 배수 <u>64</u>

---

69) 16으로 나누어 나머지가 1인 15의 배수를 찾은 다음 나머지가 13이 되도록 한다는 알고리즘에 따르면, 15에 먼저 15를 곱하고 다시 13을 곱하는 것이다.

$15\times15=225$: 16으로 나누어 나머지가 1인 15의 배수

⇒ 16으로 나누어 나머지가 13이 되도록 $225\times13=\underline{2925}$

3. $64+2925=2989$: 15와 16으로 나누어 나머지가 각각 4와 13인 수
4. $2989\div240$의 나머지 109: 15와 16으로 나누어 나머지가 각각 4와 13인 최소의 양의 정수

이것을 오늘날의 방법으로 연립 합동식을 세워 풀면 다음과 같다.

$$\begin{cases} x\equiv4 \pmod{15} \\ x\equiv13 \pmod{16} \end{cases}$$

이제 $M=15\cdot16=240$, $M_1=16$, $M_2=15$라고 하자. 그리고 다음을 만족시키는 x_1과 x_2를 구한다.

$x_1M_1\equiv1 \pmod{15}$인 $x_1=1$

$x_2M_2\equiv1 \pmod{16}$인 $x_2=15$

그러면 구하는 값은 다음과 같다.

$x=4x_1M_1+13x_2M_2=64+2925=2989\equiv109 \pmod{240}$

【3-2-4】 지금 모두 몇 개인지 알 수 없는 물건이 있다. 다만 5씩 세면 1이 남고 7씩 세면 3이 남고 9씩 세면 2가 남는다고 한다. 모두 몇 개인가?

今有物 不知其數 只云 五數剩一 七數剩三 九數剩二 問共若干

답 101개

答曰 一百一箇

풀이 5, 7, 9를 모두 곱하면 315를 얻고 이것을 법으로 한다. 또 나머지 1에 대하여 7과 9를 곱하고 다시 7을 곱하면 441이다. 〔5로 나누어 나머지 1인 수이다.〕 또 나머지 3에 대하여 5와 9를 곱하여 5배하면 675이다. 〔7로 나누어 나머지가 3인 수이다.〕 또 나머지 2에 대하여 5와 7을 곱하고 다시 8배하면 560을 얻는다. 〔9로 나누어 나머지가 2인 수이다.〕 세 수를 모두 합하면 1676이고 여기서 법 315를 계속 빼나가면 답이 된다. 〔위에서 7배, 5배, 8배한 것은 모두 나머지 1을 구하는 방법이다.〕

法曰 列五七九相乘 得三百十五 爲滿法 又列剩一 以七九乘之 又七因 得四

百四十一〔爲五數 剩一之衰〕 又列剩三 以五九乘之 又五因 得六百七十五〔爲七數 剩三之衰〕 又列剩二 以五七乘之 又八因 得五百六十〔爲九數 剩二衰〕 併三位 共一千六百七十六 於内減滿法 三百十五 至于自盡 則 合問〔上項七因五因八因 皆求一法〕

☞ 역자 주: 풀이의 과정을 정리하면 다음과 같다.

1. 5와 7과 9의 공배수: $5\times7\times9=315$
2. $7\times9\times7=441$: 5로 나누어 나머지가 1인 7과 9의 공배수
   $5\times9\times5=675$: 7로 나누어 나머지가 3인 5와 9의 공배수
   $5\times7\times8=560$: 9로 나누어 나머지가 2인 5와 7의 공배수
3. $441+675+560=1676$: 5와 7과 9로 나누어 나머지가 각각 1, 3, 2
4. $1676\div315$의 나머지 101: 5와 7과 9로 나누어 나머지가 각각 1, 3, 2인 최소의 양의 정수

이것을 오늘날의 방법으로 연립 합동식을 세워 풀면 다음과 같다.

$$\begin{cases} x\equiv1(\mathrm{mod}5) \\ x\equiv3(\mathrm{mod}7) \\ x\equiv2(\mathrm{mod}9) \end{cases}$$

이제 $M=5\cdot7\cdot9=315$, $M_1=7\cdot9=63$, $M_2=5\cdot9=45$, $M_3=5\cdot7=35$라고 하자. 그리고 다음을 만족시키는 x_1, x_2, x_3를 구한다.

$x_1M_1\equiv1(\mathrm{mod}\ 5)$인 $x_1=2$

$x_2M_2\equiv1(\mathrm{mod}\ 7)$인 $x_2=5$

$x_3M_3\equiv1(\mathrm{mod}\ 9)$인 $x_3=8$

그러면 구하는 값은 다음과 같다.

$x=x_1M_1+3x_2M_2+2x_3M_3=126+675+560=1361\equiv101(\mathrm{mod}\ 315)$

【3-2-5】 지금 인부 600명이 같은 시간에 부역을 떠났다. 그 중에서 도주한 사람이 몇 명 있어 모두 모아서 세어보았다. 다만 7씩 세면 4명이 남고 9씩 세면 3명이 남고 11명씩 세면 역시 4명이 남는다고 한다. 도주한 사람과 남아있는 사람은 모두 몇 명인가?

今有人夫六百名 該其赴役 於内逃走者 不知其數 乃聚其餘衆而數之 只云七七數之 剩四名 九九數之 剩三名 十一數之 剩亦四名 問所逃及餘存 各若干

답 남아있는 사람 543명
도주한 사람 57명
答曰 餘存者 五百四十三名
逃走者 五十七名

풀이 7, 9, 11을 모두 곱하면〔7을 9에 곱하고 다시 11을 곱한다.〕 693을 얻고 이것을 법으로 한다. 별도로 7과 9를 곱하고 다시 7배하면〔나머지 1을 구하는 방법이다.〕 441이고〔11로 나누었을 때 나머지가 1인 수이다.〕 나머지가 4이므로 모두 1764이다. 또 7을 11에 곱하고 2배하면 〔나머지 1을 구하는 방법이다.〕 154이고 〔9로 나누어 나머지가 1인 수이다.〕 나머지가 3이므로 곱하면 462이다. 또 9를 11에 곱하면 바로 99이고 이것은 〔7로 나누어 1이 되는 수이다.〕 바로 나머지가 4이므로 (4를) 곱한다. 〔396〕 세 수를 모두 합하면 2622이고 앞의 법으로 나누면 나머지〔543〕가 남아있는 사람의 수이고, 이것을 총수에서 빼면 도주한 사람의 수이다.
法曰 列七九十一相乘〔以七乘九 再以十一乘之〕得六百九十三 爲滿法 另以七乘九 又七因〔求一法〕得四百四十一〔爲十一數 剩一之衰〕剩四下共〔得一千七百六十四〕又以七乘十一 又二因〔求一法〕得一百五十四〔爲九數 剩一之衰〕剩三下共〔得四百六十二〕又以九乘十一 得九十九〔爲七數 剩一之衰〕剩四下共〔得三百九十六〕併三位 共二千六百二十二 於內減滿法數 至于自盡餘〔五百四十三〕此餘存數 以減總人餘〔五十七〕此逃亡數

☞ 역자 주 : 풀이의 과정을 정리하면 다음과 같다.

1. 7과 9와 11의 공배수: 7×9×11=693
2. 7×9×7=441: 11로 나누어 나머지가 1인 7과 9의 공배수
⇒ 11로 나누어 나머지가 4가 되도록 441×4=1764
7×11×2=154: 9로 나누어 나머지가 1인 7과 11의 공배수
⇒ 9로 나누어 나머지가 3이 되도록 154×3=462
9×11=99: 7로 나누어 나머지가 1인 9와 11의 공배수
⇒ 7로 나누어 나머지가 4가 되도록 99×4=396
3. 1764+462+396=2622: 7과 9와 11로 나누어 나머지가 각각 4, 3, 4
4. 2622÷693의 나머지 543: 7과 9와 11로 나누어 나머지가 각각 4, 3, 4인 최소

의 양의 정수

이것을 오늘날의 방법으로 연립 합동식을 세워 풀면 다음과 같다.

$$\begin{cases} x \equiv 4 \pmod{7} \\ x \equiv 3 \pmod{9} \\ x \equiv 4 \pmod{11} \end{cases}$$

이제 $M=7\cdot 9\cdot 11=693$, $M_1=9\cdot 11=99$, $M_2=7\cdot 11=77$, $M_3=7\cdot 9=63$이라고 하자. 그리고 다음을 만족시키는 x_1, x_2, x_3를 구한다.

$x_1M_1\equiv 1 \pmod{7}$인 $x_1=1$

$x_2M_2\equiv 1 \pmod{9}$인 $x_2=2$

$x_3M_3\equiv 1 \pmod{11}$인 $x_3=7$

그러면 구하는 값은 다음과 같다.

$x=4x_1M_1+3x_2M_2+4x_3M_3=396+462+1764=2622\equiv 543 \pmod{693}$

【3-2-6】 지금 군 병사의 전체 수는 알 수 없으나 105명씩 초계작전을 하면 5명이 남고 106명씩 초계작전을 하면 6명이 남는다. 군사의 총수는 얼마인가?

今有軍兵 不知其數 乃百五作哨[70] 餘五人 百六作哨 餘六人 問軍總若干

답 11030명

答曰 一萬一千三十人

풀이 105와 106을 서로 곱하면 11130이고 이것을 법으로 한다. 또 106을 5에 곱하면 530이고 〔105로 나누어 나머지가 5인 수이다.〕 또 다시 105를 두 번 6에 곱하면 66150이고 〔106으로 나누어 나머지가 6인 수이다.〕 두 수를 합하면 66680이다. 여기서 법을〔11130〕 계속 빼나가면 11030이 남는다.

法曰 列〔一百五 一百六〕 相乘 得一萬一千一百三十 爲滿法 又列〔百六-剩五 百六-剩六〕 互乘以百六乘五 得五百三十〔爲百五數 剩五之衰〕 又以百五再次乘六 得六萬六千一百五十〔爲百六數 剩六之衰〕 併二位 共六萬六千六百八十 於內減滿法〔一萬一千一百三十〕 至于自盡餘〔一萬一千三十〕 合問

---

70) 哨: 파수볼, 파수병 초

☞ 역자 주: 풀이의 과정을 정리하면 다음과 같다.

1. 105과 106의 공배수: 105×106=11130
2. 106×5=<u>530</u>: 105로 나누어 나머지가 5인 106의 배수
   105×105×6 [71]=<u>66150</u>: 106으로 나누어 나머지가 6인 105의 배수
3. 530+66150=66680: 105와 106으로 나누어 나머지가 각각 5와 6인 수
4. 66680÷11130의 나머지 11030: 105와 106으로 나누어 나머지가 각각 5와 6인 최소의 수

이것을 오늘날의 방법으로 연립 합동식을 세워 풀면 다음과 같다.

$$\begin{cases} x \equiv 5 \pmod{105} \\ x \equiv 6 \pmod{106} \end{cases}$$

이제 $M=105 \cdot 106=11130$, $M_1=106$, $M_2=105$라고 하자. 그리고 다음을 만족시키는 x_1과 x_2를 구한다.

$x_1M_1 \equiv 1 \pmod{105}$인 $x_1=1$

$x_2M_2 \equiv 1 \pmod{106}$인 $x_2=105$

그러면 구하는 값은 다음과 같다.

$x=5x_1M_1+6x_2M_2=530+66150=66680 \equiv 11030 \pmod{11130}$

【3-2-7】 지금 손님이 많이 왔으나 그 수는 알 수 없다. 다만 세 사람이 한 그릇의 밥을 먹고 네 사람이 한 그릇의 국을 같이 먹었다고 한다. 이때 그릇의 총수가 84이면 손님 및 국그릇과 밥그릇은 각각 몇 개인가?

今有客至 不知其數 只云 三人共飯 四人共羹 通共用碗八十四隻 問客及羹飯碗各若干

답 손님 144명
밥그릇 48개, 국그릇 36개

答曰 客 一百四十四人
飯碗 四十八隻
羹碗 三十六隻

71) 105×105=11025가 106으로 나누어 나머지가 1인 수이므로 나머지를 6으로 하기 위해 6을 곱한 것이다.

풀이 그릇 총수에 3과 4를 곱한 12를 곱하면 1008이고 이것을 실로 한다. 또 3과 4를 합하면 7이 되어 이것을 법으로 하여 나누면 손님의 수가 되고 3으로 나누면 밥그릇의 수, 손님의 수를 4로 나누면 국그릇의 수이다.
法曰 置碗數 以三四人相乘得十二 乘之得一千八 爲實 又三四併之 得七 爲法 除之得客數 三歸得飯碗 四歸得羹碗 合問

☞ 역자 주: 손님의 수를 x라 하면 다음이 성립한다.

$$\frac{x}{3}+\frac{x}{4}=84$$

$$x=\frac{84\times3\times4}{3+4}$$

이것이 풀이 과정에 해당하는 식이다.

【3-2-8】 지금 한 부인이 냇가에서 그릇을 씻고 있다. 옆의 사람이 웬 그릇이 그렇게 많으냐고 물으니 부인이 말하기를, 집에 손님이 수를 모를 만큼 많이 와서 세 사람이 한 그릇의 밥을 같이 먹고 네 사람이 한 그릇의 국을 같이 먹고 다섯 사람이 한 그릇의 고기를 같이 먹었더니 그릇 수가 총 94라고 하였다. 손님의 수와 각 그릇의 수는 얼마인가?
今有婦人洗碗河濱 傍人曰 碗何多 婦曰 家有客至 不知其數 但三人共飯 四人共羹 五人共肉 通共用碗九十四隻 問客及各碗若干

답 손님의 수 120명
밥그릇의 수 40개, 국그릇의 수 30개, 고기 그릇의 수 24개
答曰 客一百二十人
飯四十碗 羹三十碗 肉二十四碗

풀이 그릇 총수에 3명, 4명, 5명을 서로 곱하면 5640이다. 이것을 실로 한다. 별도로 3명, 4명, 5명을 두 수씩 곱하여 〔3명과 4명을 곱하여 12, 4명과 5명을 곱하여 20, 5명과 3명을 곱하여 15〕 얻는 세 수를 모두 합하여 47이다. 이것을 법으로 하여 나누면 손님의 수를 얻는다. 다음에 세 수를 구하면 된다. 〔손님의 수를 3으로 나누어 밥그릇의

수, 4로 나누어 국그릇의 수, 5로 나누어 고기그릇의 수이다.〕
法曰 置總碗 以三人四人五人相乘得六十 乘之得五千六百四十 爲實 另列三人四人五人 維乘〔以三人乘四人 得十二 以四人乘五人 得二十 以五人乘三人 得十五〕 倂三位 共得四十七爲法 除之得客數 列三位〔三歸得飯碗 四歸得羹碗 五歸得肉碗〕 合問

☞ 역자 주: 손님의 수를 x라 하면 다음이 성립한다.

$$\frac{x}{3}+\frac{x}{4}+\frac{x}{5}=94$$

$$x=\frac{94\times3\times4\times5}{4\cdot5+3\cdot5+3\cdot4}$$

이것이 풀이 과정에 해당하는 식이다.

【3-2-9】 지금 모두 몇 명인지 수를 알 수 없는 손님이 왔다. 다만 세 사람이 한 그릇의 밥을 먹고 네 사람이 한 그릇의 국을 먹고 다섯 사람이 한 그릇의 고기를 먹고 여섯 사람이 한 그릇의 술을 마셔서 모두 그릇의 수가 114라고 한다. 손님의 수와 각 그릇의 수는 얼마인가?
今有客至不知其數 只云 三人共飯 四人共羹 五人共肉 六人共酒 通共用碗一百一十四隻 問客及各碗若干

답 손님의 수 120명
밥그릇의 수 40개, 국그릇의 수 30개
고기그릇의 수 24개, 술그릇의 수 20개
答曰 客一百二十人
飯四十 羹三十 肉二十四 酒二十碗

풀이 포산의 그림을 이용하자.
3 3인 1 밥
4 4인 1 국
5 5인 1 고기
6 6인 1 술
왼쪽 열과 오른쪽 열을 서로 곱한다. 〔밥그릇은 120그릇, 국그릇은 90

그릇, 고기그릇은 72그릇, 술그릇은 60그릇][72] 네 수를 모두 합하면 342이고, 이것을 법으로 한다. 또 3, 4, 5, 6명을 모두 곱하여 360을 얻고 여기에 그릇 총수를 곱하면 41040이다. 이것을 실로 하여 앞의 법으로 나누면 손님의 수 120을 얻고 네 수 〔손님 수를 3으로 나누어 밥그릇의 수, 4로 나누어 국그릇의 수, 5로 나누어 고기그릇의 수, 6으로 나누어 술그릇의 수〕를 구하면 된다.

法曰 依圖布算

3 三人 1 飯

4 四人 1 羹

5 五人 1 肉

6 六人 1 酒

以左行互乘右行〔得飯一百二十碗 羹九十碗 肉七十二碗 酒六十碗〕 四位併得 三百四十二 爲法 又三四五六人 相乘 得三百六十 以乘總碗 得四萬一千四十 爲實 以法除之 得客一百二十人 列四位〔三歸得飯 四歸得羹 五歸得肉 六歸得酒〕 合問

☞ 역자 주: 손님의 수를 x라 하면 다음이 성립한다.

$$\frac{x}{3}+\frac{x}{4}+\frac{x}{5}+\frac{x}{6}=114$$

$$x=\frac{94\times3\times4\times5\times6}{4\cdot5\cdot6+3\cdot5\cdot6+3\cdot4\cdot6+3\cdot4\cdot5}$$

이것이 풀이 과정에 해당하는 식이다.

【3-2-10】 지금 수를 알 수 없이 많은 손님이 왔다. 다만 두 사람이 한 그릇의 밥을 같이 먹고 세 사람이 한 그릇의 국을 같이 먹고 네 사람이 한 그릇의 고기를 같이 먹고 다섯 사람이 한 그릇의 술을 같이 마시고 여섯 사람이 한 그릇의 과일을 같이 먹어서 모두 그릇이 174였다고

---

72) 포산 그림에서 다음과 같이 구한다.

밥그릇 $1\times4\times5\times6=120$

국그릇 $1\times3\times5\times6=90$

고기그릇 $1\times3\times4\times6=72$

술그릇 $1\times3\times4\times5=60$

이렇게 곱하는 것을 호승(互乘)이라 한다.

한다. 이때 손님과 각 그릇의 수는 얼마인가?
今有客至 不知其數 只云 二人共飯 三人共羹 四人共肉 五人共酒 六人共果 通共用碗 一百七十四隻 問客及各碗若干

답 손님의 수 120명
밥그릇 60개, 국그릇 40개, 고기그릇 30개
술그릇 24개, 과일그릇 20개
答曰 客一百二十人
飯六十碗 羹四十碗 肉三十四碗 酒二十四碗 果二十碗

풀이 포산의 그림을 이용하자.
2 2인 1 밥
3 3인 1 국
4 4인 1 고기
5 5인 1 술
6 6인 1 과일
왼쪽 열을 오른쪽 열에 곱한다.[73] 〔밥은 360그릇, 국은 240그릇, 고기는 180그릇, 술은 144그릇, 과일은 120그릇〕 다섯 수를 모두 합하면 1044이고 이것을 법으로 한다. 또 왼쪽 열의 2, 3, 4, 5, 6명을 모두 곱하면 720이고 여기에 그릇 총수를 곱하면 125280이다. 이것을 실로 하여 앞의 법으로 나누면 손님의 수 120명을 얻는다. 손님의 수를 2로 나누면 밥그릇의 수, 3으로 나누면 국그릇의 수, 4로 나누면 고기그릇의 수, 5로 나누면 술그릇의 수, 6으로 나누면 과일그릇의 수이다.〔나머지 문제도 모두 이와 같다.〕
法曰 依圖布算
2 二人 1 飯
3 三人 1 羹

73) 포산으로 다음과 같이 호승하는 것이다.
밥그릇 $1\times3\times4\times5\times6=360$
국그릇 $1\times2\times4\times5\times6=240$
고기그릇 $1\times2\times3\times5\times6=180$
술그릇 $1\times2\times3\times4\times6=144$
과일그릇 $1\times2\times3\times4\times5=120$

4 四人 1 肉
5 五人 1 酒
6 六人 1 果

以左行互乘右行〔得飯三百六十碗 羹二百四十碗 肉一百八十碗 酒一百四十四碗 果一百二十碗〕 五位併之共得一千四十四 爲法 又左行 以二三四五六人 相乘 得七百二十 以乘總碗 得一十二萬五千二百八十 爲實 以法 一千四十四除之得客一百二十人 乃列五位 以二歸得飯碗 三歸得羹碗 四歸得肉碗 五歸得酒碗 六歸得果碗 合問〔餘皆倣此〕

☞ 역자 주: 손님의 수를 x라고 하면 다음이 성립한다.

$$\frac{x}{2}+\frac{x}{3}+\frac{x}{4}+\frac{x}{5}+\frac{x}{6}=174$$

$$x=\frac{174\times2\times3\times4\times5\times6}{3\cdot4\cdot5\cdot6+2\cdot4\cdot5\cdot6+2\cdot3\cdot5\cdot6+2\cdot3\cdot4\cdot6+2\cdot3\cdot4\cdot5}$$

이것이 풀이 과정에 해당하는 식이다.

【3-2-11】 지금 돈을 빌렸는데 얼마인지는 알 수 없고, 원리금이 원금의 배가 될 때마다 이자까지 합하여 19000냥을 세 번 갚아서 원금과 이자를 모두 갚았다. 원래 빌린 돈은 얼마인가?

今有曽貸銀 不知其數 三次出外爲商 每次合利而還銀一萬九千兩 本利恰盡 問原銀若干

답 16625냥

答曰 一萬六千六百二十五兩

풀이 돌려준 돈의 반은 9500냥이고 또 돌려준 돈의 반을 더하면 14250냥이다. 또 그 돌려준 돈의 반을 더하면 원금이다.

法曰 置還銀折半 得九千五百兩 又加還銀折半 得一萬四千二百五十兩 又加還銀折半 得原銀 合問

별해 1, 2, 4를 합하면 7이고 돌려준 돈을 곱하여 2로 세 번 나누면 된다.

一法 列一二四併 得七 以乘還銀 折半三遭 亦得

별해 돌려준 돈을 7배하고 8로 나누면 된다.
一法 置還銀 以七乘之 以八除之 亦得

☞ 역자 주: 풀이는 돌려준 돈 19000냥의 $\frac{1}{2}$인 9500냥과 $\frac{1}{4}$인 4750냥과 $\frac{1}{8}$인 2375냥을 더해야 원금이 된다는 말이다. 이는 원래 빌린 돈을 x라 할 때 다음 식과 일치한다.

$$2(2(2x-19000)-19000)-19000=0$$
$$2(2x-19000)-19000=9500$$
$$2x-19000=14250$$
$$x=16625$$

한편 별해의 방법은 식의 괄호를 풀어서 계산하는 다음 방법에 해당한다.

$$2\cdot 2\cdot 2x=(1+2+4)\times 19000$$

【3-2-12】 지금 술을 가지고 봄놀이를 가서 친구를 만나면 술의 양을 배로 하여 주점에서 8말을 마신다. 이와 같이 친구를 만나 주점에서 모두 네 번 마셨을 때 술그릇이 비고 술이 없었다. 원래 갖고 간 술은 얼마인가?
今有携酒遊春 逢朋添一倍 入店飲八斗 今逢朋入店 俱各四次壺乾酒盡 問原携酒若干

답 7말 5되
答曰 七斗五升

풀이 8말의 반은 4말이고 여기에 8말을 더하여 반이면 6말이다. 다시 8말을 더하여 반이면 7말이고 다시 8말을 더하여 반이면 7말 반이다.
法曰 置八斗折半 得四斗 加八斗折半 得六斗 又加八斗折半 得七斗 又加八斗折半 得七斗五升 合問

별해 1, 2, 4, 8을 합하면 15이고 여기에 8말을 곱하여 절반을 네 번

하면 된다.
一法 列一二四八倂 得十五 以乘八斗 折半四遭 亦得

별해 8말에 15를 곱하고 16으로 나누면 된다.
一法 置八斗 以十五乘之 以十六除之 亦得

☞ 역자 주: 원래 갖고 간 술을 x라 하면 다음이 성립한다.

$$2(2(2(2x-8)-8)-8)-8=0$$

이 식을 문제 3-2-11과 마찬가지 방법으로 풀고, 별해는 괄호를 풀어 $2\cdot2\cdot2\cdot2x=(1+2+4+8)\times8$로 생각하여 푼 것이다.

【3-2-13】 지금 빌린 돈 14531냥 2전 5푼을 원리금이 원금의 배가 될 때마다 이자까지 합하여 일정액씩 다섯 번 갚아서 모두 갚았다. 매번 얼마씩 갚았는가?
今有曾貸銀 一萬四千五百三十一兩二錢五分 出外爲商 合利而還五次恰盡 問每次所還 若干

답 15000냥
答曰 一萬五千兩

풀이 1, 2, 4, 8, 16을 모두 합하여 다시 1을 더하면 32이다. 여기에 빌린 돈을 곱하여 실로 한다. 32에서 원금 1을 빼어 31을 법으로 하여 나누면 된다.
法曰 列一二四八十六 倂之 加原貸銀一分 共得三十二 以乘貸銀爲實 於三十二 内減本銀一分 得三十一 爲法除之 合問

☞ 역자 주: 매번 갚은 돈을 x라 하면 다음 식이 성립한다.

$$2(2(2(2(2\times14531.25-x)-x)-x)-x)-x=0$$

이 식을 정리한 $32\times14531.25=(1+2+4+8+16)x$ 가 풀이 과정에 해당한다.

3 영부족술문 13문제(盈不足術門 十三問)

'영부족술문'은 남고 모자라는 양 사이의 관계로부터 미지의 양을 구하는 문제들을 담고 있다. <구장산술>의 '영부족'에서 비롯된 산술적 해법으로, 크게 영부족(남음과 부족의 경우), 양영 또는 양부족(두 개의 남음의 경우 또는 두 개의 부족의 경우), 영적족 또는 부족적족(남음과 딱 맞는 경우 또는 부족과 딱 맞는 경우)의 세 가지 관계를 다룬다. 오늘날의 방법으로 생각하면 $y=ax\pm b$와 같은 형태의 두 개의 식, 즉 이원일차연립방정식을 세워 풀 수 있는 문제들이지만 당시에는 연립방정식의 해법인 방정술과 구별하여 남음과 부족의 수량 관계와 관련된 문제를 풀기 위한 산술적 알고리즘으로 다룬 것으로 보인다.

<산학입문>에서는 영뉵(盈朒) 또는 영비(盈朏)라고도 하며, 그 알고리즘 상 <구일집>의 것과는 약간 차이가 있다. 말하자면 <구일집>에서는 <구장산술>에서 기일술(基一術)이라 하여 영부족술의 별해로 삼은 방법을 이용하고 있다. 본문의 영부족술 알고리즘을 정리해보자. 일반적으로 다음과 같은 문제 상황74)을 다루고 있다.

> 물건을 사기 위해 돈을 모으고자 한다. a_1명마다 b_1씩 내면 c_1이 남고, a_2명마다 b_2씩 내면 c_2가 모자란다.

이때 사람 수를 x, 물건 값을 y라 하면 영부족 관계가 다음 연립방정식으로 표현된다.

$$\frac{b_1}{a_1}x=y+c_1$$

$$\frac{b_2}{a_2}x=y-c_2$$

따라서 사람 수는 다음과 같다.

$$x=\frac{a_1a_2(c_1+c_2)}{a_2b_1-a_1b_2} \quad \cdots ①$$

특히, 한 사람마다 b_1, b_2씩 나누어주는 상황은 $a_1=a_2=1$이 되어 사람 수가 다음과 같다.

$$x=\frac{c_1+c_2}{b_1-b_2} \quad \cdots ②$$

---

74) 이와 같이, 한 사람이 내는 돈이 주어지는 상황에 비해 더 일반적인 이 경우를 쌍투영뉵(雙套盈朒)이라 한다.

아래의 문제들의 해법은 식 ① 또는 ②에 조건을 대입하여 푼 것이다. 그리고 나서 구한 x에 문제의 조건 중 하나를 적용하여 y를 구하면 된다.

【3-3-1】 지금 사람들이 같이 돈을 내어 물건을 살 때 한 사람이 5냥씩 내면 1냥이 남고 한 사람이 3냥씩 내면 7냥이 모자란다. 돈을 낸 사람은 몇 명이고 물건 값은 얼마인가?
今有人買物 每人出銀五兩 盈一兩 每人出三兩 不足七兩 問人數及物價各若干

답 4명, 물건 값 19냥
答曰 四人 價銀一十九兩

풀이 남는 돈과 부족한 돈의 액수를 모두 합하면 8냥이다. 이것을 사람 수에 대한 실로 한다. 내는 돈의 차이인 2냥을 법으로 하여 나누면 사람 수를 얻고 5냥을 곱하여 얻은 수〔20냥〕에서 남는 돈 1냥을 빼면 물건 값이다.
法曰 併盈不足 共八兩 爲人實 出銀相減 餘二兩爲法 除實得人數 以五兩乘之〔得二十兩〕 內減盈〔一兩〕 合問

☞ 역자 주: 영부족술에 의해 사람 수 $\frac{1+7}{5-3}$을 구하고, 문제 조건 중 하나로부터 사람 수에 5를 곱하고 남은 1냥을 빼서 물건 값을 구한다.

【3-3-2】 지금 사람들이 모여서 돈을 내어 물건을 살 때 한 사람이 8냥씩 내면 4냥이 남고, 한 사람이 7냥 7전씩 내도 역시 1냥 6전이 남는다. 돈을 낸 사람의 수와 물건 값은 얼마인가?
今有人買物 每人出銀八兩 盈四兩 每人出七兩七錢 亦盈一兩六錢 問人數及物價各若干

답 8명, 물건 값 60냥
答曰 八人 物價十兩

풀이 두 개의 남는 돈을 서로 빼면 2냥 4전이고 이것을 사람의 수에 대한 실로 한다. 또 한 사람이 내는 돈의 차이 3전을 법으로 하여 나누면 사람의 수를 얻고 사람의 수에 8냥을 곱하여 얻은 64냥에서 남는 돈 4냥을 빼면 물건 값이다. 〔양부족법(두 개의 부족인 경우)도 이와 같다.〕
法曰 兩盈相減 餘二兩四錢 爲人實 出銀相減 餘三錢爲法 除實得人數 以八兩乘之 得六十四兩 内減盈四兩 餘則物價 合問〔兩不足法倣此〕

☞ 역자 주: 두 개의 남음(兩盈術)의 경우이므로, 분자가 영·부족의 합 대신 두 영의 차가 되어 사람의 수는 $\frac{4-1.6}{8-7.7}$이 된다.

【3-3-3】 지금 사람들이 돈을 나누는데, 돈은 얼마인지 알 수 없다. 다만 한 사람에게 7냥씩 주면 14냥이 남고 한 사람에게 9냥씩 주면 딱 맞는다고 한다. 사람의 수와 돈의 액수는 얼마인가?
今有人分銀 不知其數 只云 人分七兩 盈十四兩 人分九兩 適足 問人數及銀數各若干

답 7명, 돈 63냥
答曰 七人 銀六十三兩

풀이 남는 돈 14냥을 사람 수에 대한 실로 한다. 나누어 갖는 돈의 서로 뺀 나머지 2냥을 법으로 하여 나누면 7명을 얻는다. 여기에 나누어 떨어지는 돈 9냥을 곱하면〔63냥〕 된다. 〔부족적족법(부족과 딱 맞는 경우)도 이와 같다.〕
法曰 以盈十四兩 爲人實 分率相減 餘二兩 爲法除之 得七人 以適足九兩乘之 得〔六十三兩〕 合問〔不足適足倣此〕

☞ 역자 주: 남음과 딱 맞는 경우(영적족술)로, 분자에 남는 수량만 있게 되어 사람 수는 $\frac{0+14}{9-7}$이다.

【3-3-4】 지금 양을 사는데, 그 수는 알 수 없다. 다만 돈을 24냥 내면 한 마리에 1냥씩 모자라고 28냥을 내면 한 마리에 5전씩 모자란다고 한다. 양의 수와 한 마리 값은 얼마인가?
今有買羊 不知幾隻 只云 出銀二十四兩 買之則每隻不足一兩 出二十八兩 買之則每隻不足五錢 問羊數及隻價若干

답 양의 수 8마리, 한 마리의 값 4냥
答曰 羊八隻 每隻價四兩

풀이 돈을 낸 액수의 서로 뺀 나머지〔4냥〕를 실로 하고 부족한 돈의 서로 뺀 것을 법으로 하여 나누면 양이 8마리이다. 24냥에 8냥을 더하여 8마리로 나누면 한 마리의 값을 얻는다.
法曰 出數相減餘〔四兩〕 爲實 兩不足相減 爲法 除得羊八隻 列二十四兩 加入八兩 以八隻除得隻價 合問

☞ 역자 주 : 풀이의 방법에 따르면 양의 수를 $\dfrac{28-24}{1-0.5}$로 구하였다. 이하 문제는 영부족 문제의 변형된 유형으로, 이 방법의 타당성을 다음과 같이 확인할 수 있다.
양의 수를 x마리, 양 한 마리의 값을 y라 하면 다음 식이 성립한다.

$$\begin{cases} \dfrac{24}{x} = y-1 \\ \dfrac{28}{x} = y-0.5 \end{cases}$$

따라서 $\dfrac{28-24}{x} = 1-0.5$, 즉 $x = \dfrac{28-24}{1-0.5}$

위의 연립방정식에서 생각하면, $\dfrac{1}{x}$ 대신 x를 구하는 것이므로 영부족술의 분자와 분모가 바뀐 것이다.

【3-3-5】 지금 사람과 차가 많이 있으나 얼마인지는 수를 모른다. 이제 세 사람이 한 차를 타면 네 차가 빈다. 두 사람이 한 차를 타면 다섯

사람은 걸어야 한다. 사람과 차는 각각 얼마인가?
今有人車不知其數 乃三人共車 四車空 二人共車 五人步 問人車各若干

답 차 17대, 사람 39명
答曰 一十七車 三十九人

풀이 남는 차 4대에 세 사람씩 타면〔12명〕 이 사람들을 부족으로 하고 다섯 사람을 남음으로 하여 남음과 부족을 합하면 17명이다. 이것을 실로 한다. 또 세 사람과 두 사람〔이것을 내는 수로 한다.〕을 서로 빼면 하나가 남아 나누면 차의 수〔17대〕를 얻고 세 사람씩 타서 그 중에서〔네 대에 타는 12명〕 빼면 즉 사람 수이다.
法曰 置四車 以三人乘〔得十二人〕 爲不足 以五人 爲盈 乃併盈不足 得十七爲實 以三人二人〔以爲出數〕 相減餘一除 得車數〔一十七介〕 以三人乘之 內減〔四車人數十二〕 則人數也

별해 차가 모자라서 걷는 다섯 사람을 두 사람으로 나누면 차가 두 대 반이다. 이것은 차가 부족한 수이다. 세 사람씩 타면 차가 네 대 많다. 따라서 남음과 부족을 합하면 6대 반이다. 3명, 2명을 서로 곱하면 6명이고 이것을 곱하여 역시 39명을 얻는다. 〔여기서 5를 빼고 2로 나누면 차의 수이다.〕
一法 置五人 以二人歸之 得二車半 爲不足 以四車爲盈 乃併盈不足 共得六車半 以三人二人相乘 得六人 爲法乘之 亦得三十九人〔內減五人折半 亦得車數〕

☞ 역자 주: 사람의 수를 x, 차의 수를 y라 하면, 4대 남는 차에 12명이 더 탈 수 있으므로 다음 식과 같은 상황이다.

$$\begin{cases} 3x = y + 12 \\ 2x = y - 5 \end{cases}$$

따라서 영부족술에 의해 차의 수는 $\dfrac{12+5}{3-2} = 17$이다.

한편 별해에서는 다음과 같이 생각하여 푼 것이다.

$$\begin{cases} \frac{y}{2} = x + \frac{5}{2} \\ \frac{y}{3} = x - 4 \end{cases}$$

따라서 $\frac{y}{6} = \frac{13}{2}$, 즉 $y = \frac{13}{2} \times 6 = 39$ 이다.

【3-3-6】 지금 돈을 거두어 물건을 산다. 상등급의 집들과 하등급의 집들은 10대 8의 비율로 돈을 낸다. 이제 상등급의 집 6호와 하등급의 집 8호에서 돈을 내면 4냥이 부족하고 상등급의 집 8호와 하등급의 집 6호에서 돈을 내면 역시 2냥이 부족하다고 한다. 물건 값과 상, 하등급의 한 집에서 내는 돈은 각각 얼마인가?
今有 出銀買物 令二等人户作十分之八出之 其上等六户 下等八户 出之 不足四兩 乃上等八户 下等六户 出之 亦不足二兩 問物價及每户出銀各若干

답 물건 값 66냥
상등급 각 집 5냥, 하등급 각 집 4냥
答曰 物價六十六兩
上等每户五兩　下等每户四兩

풀이 상등집〔6호〕을 10배하고 하등집〔8호〕을 8배하여 합한다.〔124를 얻는다.〕 또 상등집 〔8호〕을 10배하고 하등집〔6호〕을 8배하여 합한다.〔128을 얻는다.〕 두 수를 서로 빼면 4이고 이것을 법으로 한다. 또 두 번의 부족한 돈의 냥수를 서로 빼어 나머지 2냥을 10배하여 20냥을 얻고 이를 실로 한다. 4로 20을 나누면 상등 한 집이 내는 돈 5냥이고 8배하면75) 하등 한 집이 내는 돈 4냥이다. 별도로 상등집〔6호〕에 5냥을 곱하고 또 하등집〔8호〕에 4냥을 곱하여 합하면 62냥이고 여기에 부족한 돈 4냥을 합하면 물건 값〔66냥〕이다.
法曰 置上等〔六户〕十因 下等〔八户〕八因 倂之〔得一百二十四〕 又置上等〔八户〕十因 下等〔六户〕八因 倂之〔得一百二十八〕 二位相減 餘四爲法 乃兩不足相減 餘二兩十因 得二十兩 爲實 以法四除之 得上等每户五兩 八因

75) 8/10이므로 8배한 다음 10으로 나누어야 한다. 즉 '10으로 나누면'이 첨가되어야 한다.

得下等每户四兩 另列上等〔六户〕 以五兩乘之 又列下等〔八户〕 以四兩乘之 併 得六十二兩 加入不足四兩 則物價〔六十六兩〕 合問

☞ 역자 주: 상등급의 각 집이 내는 돈을 x, 물건 값을 y라 하자. 이때 하등급 각 집이 내는 돈은 $\frac{8}{10}x$이므로 다음과 같이 나타낼 수 있다.

$$\begin{cases} 6x+8\times\frac{8}{10}x=y-4 \\ 8x+6\times\frac{8}{10}x=y-2 \end{cases}$$

두 개 부족인 경우의 해법인 양부족법에 따라 다음을 얻는다.

$$x=\frac{4-2}{\frac{10\times6+8\times8}{10}-\frac{10\times8+6\times8}{10}}=\frac{20}{128-124}=5$$

【3-3-7】 지금 사람들이 돈을 거두어 배를 산다. 세 사람마다 7문씩 거두면 1문이 남고 네 사람마다 8문씩 거두면 3문이 부족하다고 한다. 사람 수와 배의 값은 얼마인가?
今有買梨 每三人出七文 盈一文 每四人出八文 不足三文 問人數梨價各若干

답 사람 수 12명, 배의 값 27문
答曰 一十二人 梨價二十七文

풀이 남는 돈과 부족한 돈을 합하면 4문이고, 3명과 4명을 서로 곱하면 12이고 이것을 4에 곱한다.〔48을 얻는다.〕 이 수가 실이다. 또 3명과 8문, 4명과 7문을 서로 곱하여 빼면 4가 남고 이것을 법으로 한다. 48을 나누면 사람 수를 얻고 여기에 7문을 곱하고 3명으로 나누어 얻은 수에서 1문을 빼면 배의 값이다.
法曰 併盈不足 得四文 以三人四人相乘得十二 乘之〔得四十八〕 爲實 又列三人-八文 四人-七文 互乘相減 餘四 爲法 除實得人數 以七文乘之 三人除之 内減盈一文 合問

별해 3명과 4명을 서로 곱하면 12이고 사람 수이다. 〔3명과 4명의 공배수이므로 12의 몇 배이거나 혹은 반일 수도 있다.〕 여기에 8문을 곱한다〔96〕. 4명으로 나누어 얻은 수〔24〕에 부족한 3문을 더하면 역시 배의 값이다.
一法 三人四人相乘 得十二 乃人數〔或折半 或倍之〕 以出八文乘之〔得九十六〕 以四人除之〔得二十四〕 加不足〔三文〕 亦得

☞ 역자 주: 일반적인 경우의 영부족술(쌍투영뉵)에 따라 사람 수 $\frac{4\times3\times(1+3)}{4\cdot7-3\cdot8}$을 구하고, 문제의 조건 중 하나를 이용하면 3으로 나누고 7을 곱하여 1을 빼서 배의 값을 구한다.

【3-3-8】 지금 금이 얼마 있는지 알 수 없으나 여러 아들에게 나누어 주고자 한다. 다만 다섯 명마다 800냥을 주면 200냥이 부족하고, 여섯 명마다 900냥을 주면 역시 500냥이 부족하다고 한다. 아들 수와 금은 각각 얼마인가?
今有金不知其數 欲分給衆子 只云 每五子給八百兩 不足二百兩 每六子給九百兩 亦不足五百兩 問人及金各若干

답 아들 30명, 금 5000냥
答曰 三十子 金五千兩

풀이 두 부족한 돈을 서로 빼면 나머지가 300냥이다. 아들 5명과 6명을 서로 곱하여 30으로 300냥에 곱하면 9000이고 이것을 실로 한다. 또 6명 아들에 800, 5명 아들에 900을 서로 곱하여 빼면 300이 남고 이것을 법으로 하여 나누면 아들 30명을 얻는다. 900냥을 아들 수 30에 곱하고〔27000〕 아들 6명으로 나누고〔4500〕 여기에 부족한 만큼〔500〕 더하면 금 5000냥이 된다.
法曰 置兩不足相減 餘三百兩 以五子六子相乘得三十 乘之得九千爲實 又列六子-八百 五子-九百 互乘相減 餘三百 爲法 除實得三十子 以九百兩乘之得〔二萬七千〕 以六子除之 得〔四千五百〕 加不足〔五百〕 得五千兩 合問

별해 아들 6명과 5명을 서로 곱하면 30이고 이것이 아들의 수이다. 800냥을 곱하고 아들 5명으로 나누어 얻은 수〔4800냥〕에 부족한

200냥을 더하여 역시 금의 양을 얻는다. 〔양영법(두 개의 남음)도 이와 같이 푼다.〕
一法 五子六子相乘 得三十 乃子數 以八百乘之 以五子除之〔得四千八百兩〕加不足二百 亦得〔兩盈法 亦倣此〕

☞ 역자 주: 답과 풀이에 따르면, 이 문제는 "부족하다"를 "남았다"로 고쳐야 두 개의 부족(양부족술)인 경우가 된다. 왜냐하면 아들의 수를 x, 금의 양을 y라 하면 $\frac{800}{5}x = y - 200$, $\frac{900}{6}x = y - 500$로 표현되어야 하기 때문이다.

양부족술에 따라 아들의 수 $\frac{5\times6\times(500-200)}{6\times800-5\times900} = 30$을 얻는다. 문제의 조건 중 하나인 6으로 나누고 900을 곱하고 남은 500냥을 더하여 금의 양 5000을 구한다.

【3-3-9】 지금 물건이 있으나 몇 개인지 수를 모른다. 다만 6명마다 9개를 나누어주면 6개가 부족하고, 4명마다 5개를 나누어주면 딱 맞는다고 한다. 사람 수와 물건 수는 각각 얼마인가?
今有物 不知其數 只云 每六人 分九枚 不足六枚 每四人分五枚 適足 問人物數各若干

답 사람 수 24명　　　물건 수 30개
答曰 二十四人　　　物三十枚

풀이 부족한 6개에 6명과 4명을 곱한 24를 다시 곱하여 얻은 수〔144〕를 실로 한다. 또 4명과 9개, 6명과 5개를 서로 곱하여 빼주면 나머지가 6이다. 이것을 법으로 하여 나누면 사람의 수를 얻고 5개를 곱하여 4명으로 나누면 물건의 수이다.
法曰 置不足六枚 以六人四人相乘數二十四 乘之〔得一百四十四〕爲實 又列六人-五枚 四人-九枚 互乘相減 餘六 爲法 除實得人數 以五枚乘之 四人除之 得物 合問

별해 6명과 4명을 서로 곱하여 얻은 24가 사람의 수이고 여기에 9를 곱하여 6으로 나누어〔36〕 여기서 부족한 6을 빼면 역시 물건의 수이다. 〔영적족법(남음과 딱 맞는 경우)도 이와 같이 푼다.〕
一法 六人四人相乘 得二十四 乃人數 以九枚乘之 却以六人除之〔三十六〕內減不足〔六枚〕 亦得〔盈適足法倣此〕

☞ 역자 주: 부족과 적족의 경우로 그 알고리즘에 따라 사람 수는 다음과 같다.

$$\frac{6\times4\times(6+0)}{4\times9-6\times5}=\frac{144}{6}=24$$

【3-3-10】 지금 가지고 있는 돈이 얼마인지 알 수 없다. 물건을 사고자 할 때 가진 돈의 $\frac{4}{6}$를 내고 사면 2냥이 남고, $\frac{6}{10}$을 내고 사면 2냥이 모자란다. 가진 돈 전부와 물건 값은 각각 얼마인가?
今有銀不知其數 欲買物 取銀六分之四買之 盈二兩 取銀十分之六買之 不足二兩 問總銀物價各若干

답 가진 돈 60냥, 물건 값 38냥
答曰 總銀六十兩 物價三十八兩

풀이 남는 돈과 모자라는 돈을 합하면 4냥이고 여기에 분모 6과 10을 모두 곱하면 240이고 이것을 실로 한다. 또 10과 4, 6과 6을 곱하여 서로 빼면 4가 남아 이것을 법으로 하여 나누면 가진 돈을 얻는다. 이것을 6으로 나누어 4배하여〔40냥〕 남는 돈〔2냥〕을 빼면 물건 값이다.
法曰 倂盈不足 得四兩 以六分十分乘之 得二百四十 爲實 又列六分之六十分之四 互乘相減 餘四 爲法除之 得總銀 以六分除之 四因〔四十兩〕 乃減盈〔二兩〕 合問

☞ 역자 주: 가진 돈을 x, 물건 값을 y라 하면 다음과 같이 나타낼 수 있다.

$$\begin{cases}\frac{4}{6}x=y+2\\ \frac{6}{10}x=y-2\end{cases}$$

이 식은 x를 사람 수라 할 때 6명마다 4씩 내면 2가 남고 10명마다 6씩 내면 2가 모자라는 일반적인 영부족 경우로 볼 수 있으므로 그 알고리즘에 따라 가진 돈은 $\frac{6\times10\times(2+2)}{10\cdot4-6\cdot6}=\frac{240}{4}=60$이다. 그리고 문제의 한 조건에 따라 물건 값은 $\frac{60\times4}{6}-2$이다.

【3-3-11】 지금 가진 돈이 얼마인지 알 수 없으나 물건을 사고자 한다. 가진 돈의 $\frac{7}{9}$을 내고 사면 3냥이 남고 $\frac{5}{6}$를 내고 사면 역시 4냥이 남는다. 가진 돈과 물건 값은 각각 얼마인가?

今有 銀不知其數 欲買物 取銀九分之七 買之盈三兩 取銀六分之五 買之亦盈四兩 問銀數物價各若干

답 가진 돈 18냥, 물건 값 11냥

答曰 總銀十八兩　　物價十一兩

풀이 두 남는 돈을 서로 빼면 나머지가 1냥이다. 분모 9와 6을 서로 곱하면 54이고 이것을 실로 한다. 또 6과 7, 9와 5를 서로 곱하여 빼면 나머지가 3이고 이것을 법으로 하여 나누면 가진 돈을 얻는다. 이것을 9로 나누고 7배하여〔14냥을 얻는다.〕 그 안에서 남는 돈 3냥을 빼면 물건 값이다.

法曰 置兩盈相減 餘一兩 以分母九六乘之 得五十四 爲實 又列六分-之七 九分-之五 互乘相減 餘三 爲法除之 得總銀 以九歸七因〔得十四兩〕 內減盈〔三兩〕 合問

☞ 역자 주: 가진 돈을 x, 물건 값을 y라 하면, 다음과 같이 나타낼 수 있다.

$$\begin{cases}\frac{7}{9}x=y+3\\ \frac{5}{6}x=y+4\end{cases}$$

역시 양영술을 적용하여 가진 돈은 $\frac{9\times6\times(4-3)}{9\cdot5-6\cdot7}=\frac{54}{3}=18$이고 물건 값은

$18 \times \frac{7}{9} - 3 = 11$(냥)이다.

【3-3-12】 지금 가진 돈이 얼마인지 알 수 없으나 물건을 사고자 한다. 가진 돈의 $\frac{3}{8}$을 내고 물건을 사면 5냥이 남고, $\frac{2}{7}$를 내고 사면 딱 맞는다. 가진 돈과 물건 값은 각각 얼마인가?
今有銀 不知其數 欲買物 取銀八分之三 買之盈五兩 取銀七分之二買之 適足 問銀數物價各若干

답 가진 돈 56냥, 물건 값 16냥
答曰 總銀五十六兩 物價一十六兩

풀이 남는 돈 5냥에 분모 8과 7을 모두 곱하면 280이고 이것을 실로 한다. 또 7과 3, 8과 2를 곱하여 서로 빼면 나머지가 5이고 이것을 법으로 하여 나누면 가진 돈 56냥을 얻는다. 이것을 7로 나누고 2배하면 물건 값이다.
法曰 置盈五兩 以分母 八七乘之 得二百八十 爲實 又列 七分-之三 八分-之二 互乘相減 餘五 爲法 除之得總銀五十六兩 以七歸二因 得物價 合問

☞ 역자 주: 가진 돈을 x, 물건 값을 y라 하면, 다음과 같이 나타낼 수 있다.

$$\begin{cases} \frac{3}{8}x = y + 5 \\ \frac{2}{7}x = y \end{cases}$$

그러므로 영적족술에 따라 가진 돈은 $\frac{8 \times 7 \times (5+0)}{7 \cdot 3 - 8 \cdot 2} = 56$이고, 물건 값은 구한 돈을 7로 나누고 2를 곱하여 얻는다.

【3-3-13】 지금 소나무와 대나무가 동시에 났다. 다만 첫날에 소나무는 5자 자랐고 대나무는 2자 자랐고, 소나무는 날마다 전날에 자란 길이의 반을 자라고 대나무는 전날에 자란 길이의 배를 자란다고 한다. 소

나무와 대나무는 어느 날에 길이가 같은가?
今有松竹並生 只云 松初日 長五尺 竹長二尺 松日自半 竹日自倍 問松竹幾日而長等

답 $2\frac{2}{9}$일

그 때 길이는 7자 $7\frac{7}{9}$치

答曰 二日九分日之二

各長七尺七寸九分寸之七

풀이 둘째 날에는 1자 5치가 부족하다. [이것은 둘째 날에 대나무가 소나무보다 작은 길이이다.] 셋째 날에는 5자 2치 5푼의 여유가 있다.[이것은 셋째 날에 대나무가 소나무보다 더 길어지는 값이다.] 포산의 그림을 이용하자.

2	2일	3	3일
1.5	부족	5.25	남음

2에 5자 2치 5푼을 곱하고 1자 5치에 3을 곱하여 두 수를 합하면 15자이다. 이것을 실로 한다. 또 남음과 부족[남는 수는 5자 2치 5푼, 부족한 수는 1자 5치]을 합하면 6자 7치 5푼이고 이것을 법으로 하여 나누면 2일과 분수를 얻고 분모와 분자를 7치 반으로 나누면 [7치 반은 남는 수와 부족한 수를 약분하는 수이다.] $\frac{2}{9}$일이 된다. 만약 그 때까지 자란 길이를 구하면, 셋째 날에 자라는 수[소나무 1자 2치 반, 대나문 8자]에 날의 분자 2를 곱하고 날의 분모 9로 나누어[대나무는 1자 7치 나머지 7, 소나무 2치 나머지 7] 얻은 수를 각 2일간 자란 길이[소나무 7자 5치, 대나무 6자]에 더하면 소나무, 대나무 길이가 같은 값 7자 $7\frac{7}{9}$치를 얻는다.

法曰 第二日 則不足一尺五寸[此第二日 竹長不及 於第二日 松長數也] 第三日 則有餘五尺二寸五分[此第三日 竹長適 於第三日 松長數] 依圖布算

2	二日	3	三日
1.5	不足	5.25	有餘

互乘二位併之 得一十五尺 爲實 乃併盈不足〔盈五尺二寸半 不足一尺五寸〕得六尺七寸五分 爲法除實 得二日 不滿法者 各以七寸半〔此盈不足約分之數〕除之 得九分日之二也 若求長 則各置第三日 所長數〔松一尺二寸半 竹八尺〕各以日分子 二乘之 以日分母九除 得〔竹一尺七寸不盡七 松二寸不盡七〕各加二日全長〔松七尺五寸 竹六尺〕得松竹等長各七尺七寸九分寸之七合問

☞ 역자 주: 이 문제는 영부족의 수량관계가 문제에 주어진 앞의 문제들과는 달리, 문제를 풀기 위해 영부족 관계를 직접 도출하여 알고리즘을 적용한 영부족술의 응용 문제에 해당한다. 뿐만 아니라 앞의 문제와 달리 영부족술의 별해가 아닌 본법을 이용하고 있다. 다시 말해 포산의 그림과 같이 늘어놓고 엇갈려 곱하여(유승) 그 합을 영부족의 합으로 나누는 <구장산술>, <산학입문> 등에서의 방법이다.

제1, 2, 3일째 소나무와 대나무의 길이를 비교하는데, 풀이에서와 같이 둘째 날에 1.5자 부족하고 셋째 날에는 5.25자 남는다는 데이터를 얻는다. 대나무의 소나무에 대한 남음과 부족을 다음과 같이 표시할 수 있다.

	제 1 일	제 2 일	제 3 일
소나무	5자	5+2.5=7.5(자)	7.5+1.25=8.75(자)
대나무	2자	2+4=6(자)	6+8=14(자)
		1.5자 부족	5.25자 남음

위의 표로부터 포산 및 영부족술에 의해 구하는 일 수를 계산한다.

$$\frac{2\times5.25+1.5\times3}{5.25+1.5}=\frac{15}{6.75}=2\frac{1.5}{6.75}$$

5.25와 1.5를 나누어 모두 떨어지게 하는 0.75로 약분하면 일 수로 $2\frac{2}{9}$를 얻는다.

다음에 그 때까지 자란 길이를 구하기 위해서는, 시간에 따른 성장률이 일정하다고 가정하여 셋째 날에 자란 길이 1.25와 8, 각각의 $\frac{2}{9}$를 둘째 날 길이에 더하여 구한다. 즉, 다음과 같다.

소나무 $7.5+1.25\times\frac{2}{9}=7\frac{7}{9}$

대나무 $6+8\times\frac{2}{9}=7\frac{7}{9}$

구일집 제3권(九一集 卷之三)

구일집 (천)

2006년 5월 10일 초판 인쇄
2006년 5월 20일 초판 발행

저　자 / 남양 홍정하 (南陽 洪正夏)
역　자 / 강신원 · 장혜원
발행자 / 오판근
발행처 / 교우사

주　소 / 서울 동대문구 제기2동 148-19
전　화 / 925-2861, 929-4865
팩　스 / 925-2860
E-mail / kw2861 @ chollian. net
http: // www. kyowoo. co. kr

등록 / 1994. 3. 24 제6-0256호

ISBN 89-8172-596-9 (94410)
89-8172-590-X (세트)

값 **20,000**원

이 저서는 2002년 한국학술진흥재단의 지원에 의하여 연구되었음.
(KRF-2002-071-CS2001)